实验室安全风险控制与管理

SHIYANSHI ANQUAN FENGXIAN KONGZHI YU GUANLI

陈卫华　主编

化学工业出版社

·北京·

本书结合当前实验室实验操作经验和国内外实验室管理文献，在简述实验室安全风险管理理论的基础上，详细介绍了现代实验室常用的水、电、气、火、试剂基本安全操作和安全防范措施，实验室有关化学、食品、微生物基本操作及安全防范，实验室废弃物处理规范等内容。此外，还重点介绍了实验室安全事故介绍及案例分析，提出了实验室安全风险管理的思路。

本书内容丰富，可从实际可操作层面为广大的读者提供参考依据。适合科研院所和高等院校初入实验室的人员进行学习，同时，也可作为独立进行实验操作的研究生的参考资料。

图书在版编目（CIP）数据

实验室安全风险控制与管理/陈卫华主编. —北京：化学工业出版社，2017.1（2025.2重印）
ISBN 978-7-122-28611-6

Ⅰ. ①实… Ⅱ. ①陈… Ⅲ. ①实验室管理-安全管理
Ⅳ. ①N33

中国版本图书馆CIP数据核字（2016）第298076号

责任编辑：张 艳 刘 军　　装帧设计：王晓宇
责任校对：宋 玮

出版发行：化学工业出版社（北京市东城区青年湖南街13号 邮政编码100011）
印 装：北京盛通数码印刷有限公司
710mm×1000mm 1/16 印张10¾ 字数192千字 2025年2月北京第1版第10次印刷

购书咨询：010-64518888　　售后服务：010-64518899
网 址：http://www.cip.com.cn
凡购买本书，如有缺损质量问题，本社销售中心负责调换。

定 价：39.00元

本书编写人员名单

主　　编　陈卫华

副 主 编　郑鹭飞

参编人员　贺永桓　贺小亮　王擎龙

　　　　　尚玉婷　许　岩

前言

FOREWORD

实验室是科研工作者从事科研活动的重要场所，也是许多重大实验成果的诞生地。随着我国经济水平的提高，国家对实验建设的相关投入也逐年增加，科研水平逐步提高，在某些领域已处于国际领先水平。

随着实验室数量的不断增加,与之相关的安全事件也呈现出逐渐增多的趋势。因此，如何进行有效的实验室安全风险防控和管理，是实验室管理工作首先要解决的问题，以实现对在实验室工作的科研工作者人身安全的基本保障以及对实验室科研仪器财产的有效保护。为此，笔者组织编写了《实验室安全风险控制与管理》一书，旨在为实验室管理提供借鉴思路和具有可操作性的工作措施与方法。

全书内容共分为5章。第1章为实验室安全风险管理的基本介绍，提出安全风险管理的重要内容、现状、风险评估、应急预案等，实验室管理的基本要素内容。第2章为实验室基本安全操作，结合实验常用的水、电、气、火、试剂五个方面，详细阐述安全操作规程，并提供切实有效的安全防范措施，以供读者在日常实验室管理中参照使用。第3章为实验室基本操作及安全防范，本章主要选取化学、食品、微生物三门学科基本操作和典型通用实验操作，介绍操作过程，分析在操作中容易引发安全事故的操作节点，提出注意事项和有效防范措施。第4章为实验室废弃物处理规范，如何安全合理地处理实验结束后产生的废弃物也是实验室安全管理的主要内容之一，往往被实验室管理者所忽略，本章结合文献报道和实验室管理经验原则，提出了一些相关废弃物处理的方法供读者参考。第5章为实验室安全事故介绍及案例分析，本章选取了近几年发生的典型实验室安全报道事故，介绍事故整个过程，分析引发事故的原因，以期望读者能够从中吸取相关教训，加强在平日实验室安全的管理，避免类似事故发生，降低个人伤害风险。

全书由中国农业科学院农产品加工研究所陈卫华课题组组织编写。实验室安全风险管理涉及面广，相关知识零散分散，内容组织起来难度较大。又因编者的知识水平有限，本书在编写过程中难免有疏漏不妥之处，敬请读者批评指正。

编　者

2016年10月

目录

CONTENTS

第1章

实验室安全风险管理

1.1 实验室安全风险管理基础知识

实验室是科研机构相关人员从事科研工作的主要场所，也是重大科研成果的诞生地。实验室安全是推进科研活动不断正常向前开展的基本保证。随着我国经济水平的不断提升、高等教育的快速发展以及相关科研机构和高校科技创新能力的提升，实验室建设规模也在不断扩大。根据中国教育科学研究院统计，目前我国 75 所教育部直属高校拥有实验室 4029 个，开展实验数量 14 万个，累计实验时间 400 多万小时，从这些数据中可以看出，与实验室相关的教学、科研活动日益频繁，同时会导致化学品使用量急剧增加，各类实验过程中危险设备的使用频率也相应提高，如高压反应釜、压力灭菌器、辐射源或辐射装置等。在许多化学或生物实验中还需使用剧毒、易制毒化学品、微生物菌种、实验动植物等高风险物品，科研人员与危险化学品和高风险仪器设备高频率接触，稍有不慎就有可能引发灼伤、火灾、爆炸、中毒等各种灾难性事故。另外，化学物质固有的危险性所带来的实验室安全、健康和环境问题也是危害科研人员以及导致公共安全问题日益突出，实验室废气、废液、固体废弃物等的排放及其污染问题日益严重的重要原因，因此，对实验室进行相关安全风险管理势在必行。

近二十几年来，国内外高校和科研机构安全事故频发，根据美国政府统计数据显示，2005 年有将近 10000 起事故发生在研究型实验室，造成 2% 的研究人员在事故中受伤。国内专业网站——仪器信息网针对国内发生的实验室安全事故进行跟踪报道，开辟出“实验室安全事故为何如此频发”专题首页，用于讨论实验室安全管理问题。根据网站报道的事故，国内高校实验室自 2009 年至 2012 年，累计发生安全事故38起。事故类型主要为爆炸、起火、化学品泄漏、生物感染等，其中爆炸起火事故30起，占所有事故的79%。实验室事故不仅造成了财产损失，影响了实验室的正常运行，而且可能造成多年研发工作停滞，相关研究人员伤亡。在2001年至2014年间发生的100起典型实验安全事故中[1]，事故起因统计结果分析如表1-1所示，火灾和爆炸是实验室事故的主要类型，实验室中的危险化学品、仪器设备和压力容器是引发实验室安全事故的主要危险因素，仪器设备、试剂使用环节是事故发生的主要环节，违反操作规程或操作不当、疏忽大意以及电线短路、老化是导致事故的重要原因。

表1-1　100起实验室安全事故情况统计

年份	事故数量	死亡人数	受伤 / 中毒人数
2001	5	0	7
2002	4	0	3
2003	5	0	4
2004	8	1	263
2005	8	1	10
2006	12	3	12
2007	3	0	2
2008	5	0	5
2009	6	1	22
2010	18	0	26
2011	14	0	36
2012	6	0	200
2013	6	2	3

因此，针对实验室安全事故的频发，同时为有效对实验室环境健康安全进行管理，国内外一些政府和非政府组织制定相应的法律法规和标准以及实验室安全管理的指导建议，力图从制度层面进行实验室安全管理，为后续实验室安全风险防控提供理论指导和设立第一道防线。例如，美国职业安全与健康管理局颁布的《OSHA Laboratory Standard 29 CFR 1910.1450》是针对实验室人员健康安全管理的早期标准，其中对实验室中化学品暴露的职业健康安全作出明确的规定。美国消防协会颁布的《NFPA 45 Standard on Fire Protection for Laboratories Using Chemicals》标准，针对化学实验室的防火标准作出专门说明，其中详细介绍了化学实验室防火的行政管理，实验室风险类别，实验室的设计和结构，消防措施，

爆炸风险防护，实验室通风系统和通风橱要求，化学品储存，使用和废物处理，可燃和易燃液体，压缩和液化空气，实验操作和设备以及危害识别。此外，美国政府还颁布了一系列其他标准和法规，在实验室管理方面同样可以借鉴，例如《职业安全和健康法案》（29 use 651）、《空气污染物》（29 CFR 1910.1200）、《危险废物管理法》（40 CFR Parts 260 ~ 272）、《危险材料运输法》（48USC1801）等。

与国外相比，目前国内也陆续出现或颁布过针对实验室建设的规章制度和标准。1992 年国家教育委员会令第 20 号中的《实验室工作规程》第五章第二十四条规定“实验室要做好工作环境管理和劳动保护工作”；第二十五条规定，实验室要严格遵守国务院颁发的《化学危险品安全管理条例》及《中华人民共和国保守国家秘密法》等有关安全保密的法规和制度，定期检查防火、防爆、防盗、防事故等方面安全措施的落实情况，要经常对师生开展安全保密教育，切实保障人身和财产安全。1995 年 7 月教育部《高等学校基础课教学实验室评估办法》出台，办法内容共分 39 条，其评估标准共分 6 个大的方面，其中第五部分为“环境与安全”，第六部分为“管理规章制度”，主要考核实验室的设施及环境措施，特殊技术安全、环境保护等。2005 年 7 月 26 日，教育部、国家环保总局下发《关于加强高等学校实验室排污管理的通知》。2010 年 1 月 1 日起施行的教育部《高等学校消防安全管理规定》第三十五条规定，学校应当将师生员工的消防安全教育和培训纳入学校消防安全年度计划。另外，国家也颁布一系列通用法律法规和标准用于指导实验室的建设，例如《中华人民共和国刑法修正案（六）》、《职业病防治法》、《环境保护法》、《消防法》以及《危险化学品安全管理条例》、《气瓶安全监察规定》、《易制毒化学品管理条例》、《建设工程安全生产管理条例》等，上述法律法规为实验室的建设，实验室人员的健康安全，实验室化学品的使用、储存和运输，危险源的识别以及环境保护和污染防治方面的管理提供指导性建议。

1.1.1　实验室安全风险管理现状

在国外实验室管理经验中，实验室安全管理工作已经有二十余年的发展历史。自 1990 年美国职业卫生安全与健康署颁布实验室标准开始，以安全意识、安全责任、安全组织机构以及安全教育为内容的安全文化在工业界、政府和科研实验室逐步发展起来。其中，实验安全管理的目标是让每一个实验室人员建立实验室安全管理意识，从中认识到个人的人身财产安全是建立在实验室全体人员的团队合作的态度和个人责任感的基础之上的；同时，还应认识到实验室安全的保证不只是针对实验器物的规范操作，还应该针对实验人员操作的标准规范和有效管理。

作为实验室管理中的主体，对实验人员的实验室教育是其中至关重要的环节，其主要目的是使每个级别的实验人员都具备基本和标准的实验态度和实验操作行为习惯；实验时谨慎操作，确保实验安全。只有通过此种方式，才会让实验室安全成为一种文化，而不是仅体现在对现有规章制度的遵守上。

实验室安全管理中还需要专门的组织机构进行协调管理，制定有效的安全计划，让所有参与到实验室中的实验人员对其实际工作中的安全进行负责。随着法规的健全，研究机构还应对安全管理的执行情况进行审查，以确保实验室安全能够持续改进，稳定发展。

1.1.1.1　美国高校实验室安全管理现状

美国高校未将实验室安全管理从安全管理中单独分开，而是实行对于所有校园内部有技术性的安全问题统一管理的政策。

以某美国大学为例，其安全管理体系为“环境、健康和安全（environment，health and safety，EHS）”管理系统，主要由环境健康安全总部、办公室和委员会三部分组成。其中环境健康安全（EHS）总部作为安全管理的组织实施机构，主要负责制定 EHS 领导层架构、参与环保政策制定、出台可持续方案、监督协调 EHS 办公室的工作。同时，总部为高校所有的实验室、部门和研究中心提供专业的技术咨询、支持和指导。EHS 办公室则从培训服务、实验室和设备布局、废弃物管理服务等几个方面负责 EHS 的管理实施和操作层面的工作。EHS 委员会则负责监督 EHS 管理系统的实施，并从事 EHS 技术相关的创新性和学术性研究。除去校方专门的管理人员，实验室直接使用人员如实验室安全负责人、主要研究人员、导师等，也会在实验室内部安全措施的贯彻落实方面发挥作用。

美国高校实验室安全管理的内容因学科设置不同，管理重点也不尽相同。研究型大学实验室安全管理主要包括一般性安全、化学安全、生物安全、辐射安全、废弃物处理规程以及其他一些技术层面的安全问题，例如室内空气质量管理、脚手架安全等。

另外，美国高校非常重视实验人员的安全教育工作，其目的是使实验人员建立实验安全防患于未然的意识。通过严格的安全培训制度、全面的安全培训内容、多样化的安全教育形式，建立起规范的实验室安全准入制度。

1.1.1.2　日本高校实验室安全管理现状[2]

日本高校非常重视环保安全的工作，其普遍较高的安全环保意识。浓厚的安全环保文化氛围与其有一套科学化、规范化的实验室健康安全环境管理体系密不可分。

日本各高校根据其自身的具体情况，设有各具特色的安全环保管理机构。例如，早稻田大学组建的校园环境宣传委员会、大学环境及安全处及负责具体工作实施的环境安全课；东京大学组建的环境安全本部、保健健康推进本部和实验委员会；京都大学组建的环境安全保健机构。

在实验室安全管理中，严格的实验室准入制度解决了日本高校人员流动率高的问题。主要是通过开设全面专业的实验室培训课程，以及编制实验室安全指导手册，使实验人员建立起“安全第一，预防为主”的理念。随着科学技术的发展和学校的实际情况，高校实验室安全管理机构每年都会对手册进行更新，以适应实验室发展的需要。

日本实验室空间相对较小，但经过科学的规划设计，实验室内部设施配置合理，最大限度地利用空间，并且应急设施配备齐全。实验室在设计建设时，需保证设计到位，线路布局合理规整，遵循装置均从上向下布设，充分利用空间的原则，实现便于检修，减少安全隐患，方便实验室各种仪器设备的灵活摆放的目的。

日本政府针对实验室安全制定出详细的法律法规，使高校在执行实验室安全管理方面时可以实现有法可依，有据可循。实验室针对其教学科研工作的内容，需依法制定严格的安全管理规定。此外，日本高校还根据实验室的使用情况，每年定期对实验室线路、配置、设备进行有计划、分批次的维修维护和更新。

1.1.1.3 香港特区高校实验室安全管理现状[3]

香港特区高校安全管理主要特征是架构明确，权责分明。高校管理安全的责任明确，并且体现在每一位管理人员的职责范围之内，是每一位员工绩效考核的重要项目之一。

在安全风险控制方面，科研实验室如果涉及不同的危害，如物理危害、化学危害或生物危害等的操作，高校则根据其实际情况做适当的风险评估并制定控制方案。该项工作主要由学校的职业卫生工程师、健康物理工程师、安全工程师等经过专业培训且获得国际认可的资格证书的专业人士直接参与，为师生提供专业的服务和建议。

香港特区高校在实验安全管理方面同样坚持“预防为主”的管理思想。针对每一位工作涉及有毒有害物质和危险流程的实验人员，学校制定了一系列有效的安全措施，使他们了解基本知识和安全操作的细节。例如，校级和部门级别安全手册中，详细规范相关的安全要求和工作步骤。安全管理人员负责对每一位进入实验室的工作人员进行安全考核，考核通过才能够进入实验室。安全人员定期到实验室为师生讲解各类安全装置及其使用方法。学校定期不定期的组织各类安全培训，以满足不同专业、不同年级师生和研究人员的需求。

为确保所有实验室危险评估的可靠性，所有人员均需按照安全操作手册操作，学校健康安全及环境处和部门内部会定期组织安全检查。所有检查结果和改进项目都编录成表，记录在案，并发送给实验室主管，以便跟踪改进成果。此外，校长、院长连同健康、安全环境处处长也要定期检查各实验室，并与各实验室负责人总结检查结果，检讨不足之处并商讨改进方案。所有检查数据和记录都以月报和年报的形式整理归档，报送各个相关部门及时改进，相互参考并适时跟进。对于实验涉及或可能涉及的危险物品或危险操作流程的学生和老师，健康安全及环境处要为他们定期做污染物监测和体检，监测要执行国家标准，以确保所有人员在安全的环境中工作，并关注所有人员在工作中的身体健康。

1.1.1.4 国内高校实验室安全管理现状

（1）安全意识缺乏[4]

由于长期安全教育的缺失，实验室人员普遍安全意识淡漠。从出现安全事故的原因分析，由于实验室人员麻痹大意，实验前未做好准备，不遵守操作流程，无防范措施等造成的实验室事故层出不穷。尽管高校有安全培训，但没有定期专项的培训制度和课程。

（2）相关安全投入欠缺[5]

近年来，随着高校招生人数的扩充，高校实验室用房过度紧张，实验达不到应有的使用空间要求，实验台不耐腐阻燃、线路老化等因素成为高校实验室的隐患。实验室结构设计不合理，也是导致实验室安全事故的重要因素之一。学校的资金有限，对实验室建设的经费往往只是对实验仪器设备、实验材料试剂、实验室装修等进行预算，并没有在实验室安全方面给予充分的投入。这也是导致实验室安全设施不齐全，实验室安全管理滞后的重要因素。

（3）安全管理制度不健全

尽管国内高校已经开始重视实验室安全管理，并做了一些工作，制定了相应的安全环保制度，但仍然存在安全管理制度没有落到实处、制度缺乏检查监督等问题。实验室缺乏全面的安全操作规程，许多化学试剂和气体钢瓶存放不规范，学生个人防护用品不齐全，或者不能很好地防护实验中可能存在的风险。很多实验室甚至没有化学品清单，没有相应危险化学品的资料。实验室内违反操作规程和安全制度的现象时有发生，存在着诸多安全隐患。

（4）实验室“三废”处理和化学品管理存在漏洞[6]

在我国，对实验室污染物配有控制及治理设备的高校少之又少。绝大多数的实验室没有任何污染防治控制措施，大量有毒、有害实验废弃物都是直接排放。

有针对高校实验室环境污染和生态破坏问题的调查表明，高校实验室是不可忽视的污染源。另外，高校实验室在化学品管理方面，例如，化学品的储存和运输、化学品的使用、化学品资料的收集和保存以及化学品清单方面都做得不够规范。需要分开存放的化学品不能完全做到分开存放，没有专门存放危险化学品的药品柜，实验室对于实验剩余化学危险品的管理随意性较强。

（5）缺少应急设施、应急预案及演练

在我国发生安全事故的高校非常重视事故后的调查处理，但未出现事故的高校多数缺少强有力的事前控制管理能力。大多数实验室没有意识到应急预案的重要性，应急设施不齐全，缺乏应急预案是普遍现象，几乎没有应急演练。

1.1.2　实验室安全风险管理体系介绍

实验室安全事件从最初的引发事件到最终事故的发生，如果要进行有效的实验室安全风险管理，在发展演变中一般需经历三层防护层。根据“Swiss Cheese”模型结构，各防护层主要内容如图 1-1 所示[7, 8]。

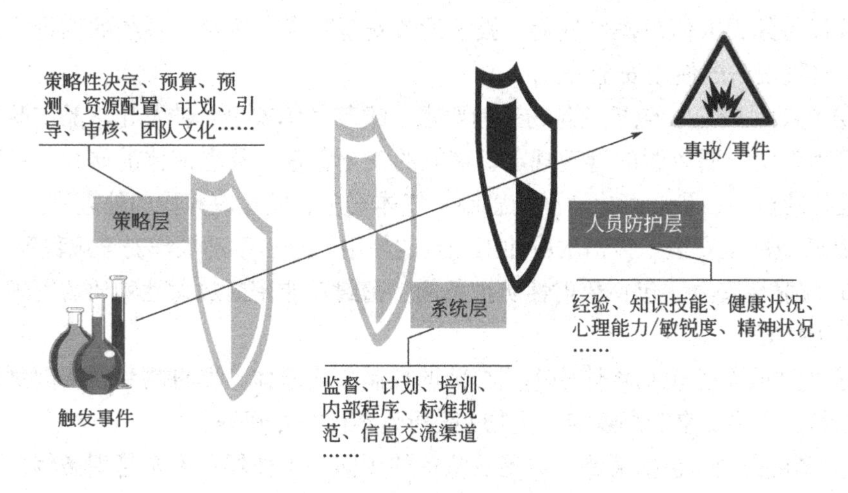

图 1-1　安全保护层模型

1.1.2.1　实验室安全管理组织结构

实验室安全管理的总负责人可由科研单位分管实验室工作的领导兼任，组织成立实验室安全管理委员会。委员会主要负责制定实验室安全管理的方针和政策，还可以在该委员会下设立其他相关委员会。设立实验室安全管理办公室，负责所有与安全相关的具体事宜。科研单位各实验室按照行政组织形式，纳入到实验室安全管理委员会中，相关实验室负责人兼任委员会内相应职务。

1.1.2.2 实验室安全规章制度制定

安全管理条例和规章制度基本覆盖各安全领域，组成安全管理体系的基本制度框架。

（1）实验室安全管理规章制度总则

以实验室安全管理委员会名义，参照国家规定和科研单位管理规章制度，制定实验室安全管理规章制度，为各实验室的具体规章制度制定提供指导建议和参考。

（2）安全规章制度

在实验室安全管理规章制度总则的框架下，先后出台具体的相关安全规章和条例，基本涵盖各实验室安全领域：

① 防火安全。包括火警的呼叫、火警系统的例行检查及维护、消防演习的规定、火灾安全评估等。

② 设备安全。包括工作设备的使用和防护条例、人身安全防护设备管理规定、仪器及设备的无人值班操作规程、教学设备安全要求、应急灯系统的例行检查及维护、电气设备的使用安全等。

③ 化学品安全。包括危险物运输要求、罐装气体安全、涉及化学品实验室的安全管理条例、通风橱的管理规定、液氮的安全管理、易燃液体的储存、威胁健康危险物的控制、易制毒化学品的管制、气体安全、危险废弃物的处理等。

④ 机械加工安全。包括木质加工工具的使用安全、手动操作安全规程等。

⑤ 放射性安全。包括放射性防护条例、密封及非密封放射性物质的管理、镭射安全防护等。

⑥ 生物安全。包括水体中军团杆菌的控制、病原体、剧毒物和转基因材料的安全控制、生物安全管理规定、生物 / 医药废弃物的处理等。

⑦ 常规安全。包括滑倒、失足及坠落的预防，工作场所安全管理条例，工作噪声的管理规定，野外工作的安全管理等。

⑧ 特殊工种安全。包括起重操作及起重设备管理、高空工作管理规定、乙炔的安全管理、石棉的安全管理、建筑设计及安全管理等。

⑨ 意外的防护。包括紧急救护的管理规定、眼睛的防护、意外事故的汇报程序、火灾及水灾意外防护计划等。

1.1.2.3 实验室安全工作实施的保证

为保证以上这些安全规章制度能有效地执行，应实行安全责任到人，制定相关的安全评估程序、监督和检查制度，并对人员定期进行相关安全培训。

（1）安全责任到人

实验室主管领导对实验室安全工作全面负责，不但需对实验室的所有人员的人身安全负责，同时对所有实验室的环境和各实验程序的安全负责。作为实验室主管领导，需专门聘用一位专职安全员，为安全政策的制定、执行等提出建议。专职安全员在实验室安全工作中扮演着重要角色：需确保实验室安全条例的定期修正和更新；监督实验室人员及相关人员对所辖领域做出安全风险评估；负责安全检查；随时检查工作场所安全是否存在安全隐患；如存在隐患，则需提出相应整改方案；对实验人员给予安全指导；协助安排安全培训；检查安全政策执行是否有效；保证意外事故报告及时送达实验室安全管理办公室；保持与各安全领域专家及大学安全办公室的正常沟通等。

针对可以指导学生并参与实验的导师，安全责任中要保证学生的安全：要保证学生的实验设计涉及的仪器设备和工作环境等的安全；了解学生的安全防护能力；对学生进行及时的安全指导并安排相关安全培训（安全培训要求备案）；在学生实验中要对其安全做到随时监督；遇导师外出应提前做出相应安排；学生实验结束后，要检查其安全善后工作是否到位。

除专职安全员外，其他相关安全责任人需对专业内从事工作的人、工作环境、工程程序、工作行为等安全进行评估和监督，如存在安全隐患，则需从各专业角度提出实验室安全整改方案。

（2）实验室安全风险评估

风险评估是检查在实验过程中是否存在可能对人身造成伤害的可能性。确认之后，评估者需要对风险做出评价，然后决定应采用何种方法规避伤害。具体的安全风险评估工作，则是由实验室主管领导委派各学生导师、管理者及不同专业领域的专家对环境安全或行为安全做出风险评估。对于高校实验室而言，专家的评估显得尤为重要，毕竟高校实验室所进行的多为探索性前沿研究，在安全方面存在更大的不确定性。

在安全风险评估中，由于火灾安全评估涉及面广，评估相对更为具体，对发现火灾隐患、火灾会影响到的人、火警体系、消防设备的安装、消防通道、应急灯的安装、防火安全标识、消防设施的检查和维护、消防培训和消防演习等均制定出了相应的评估表格。

（3）实验室安全检查

实验室安全检查是实验室安全工作的重要组成。安全检查不但包括实验室安全工作是否符合相关管理规定，还包括在实验程序、实验环境中的安全隐患的排查（如果存在安全隐患则需在事故发生前进行整改）。安全检查工作可以由 1 人或3～4人组成检查组来进行。

（4）实验室常规及特殊安全培训

各类的规章和制度侧重于广泛的约束性，注重用文字性的条例来达到规避安全事故的目的，那么各类安全培训则更具可操作性，其是通过各种具体行为的强化培训来培养受训者的安全意识和安全习惯，是安全防护在先的一个重要体现。培训应设定在数天到一周之间，视具体培训要求而定，其内容会根据实际情况不断进行调整，与相关安全管理文件匹配。安全培训的涵盖面要广，注重实践性和细节。

1.1.3 实验室安全风险管理评估

1.1.3.1 实验室安全风险评估的必要性

引发实验室安全事故的客观因素和主观因素，均作为实验室安全隐患。在日常化学实验室的运行之中，或多或少存在着安全隐患，往往较小的安全隐患是引发大安全事故的导火索和直接诱因。通常因为化学实验室的建设规模比工厂等大型场所小，并且在试剂用量上较少，大部分事故发生后所造成的破坏性较小，因此会造成化学实验室管理者和工作人员对实验室安全的麻痹大意。诱发化学实验室发生安全事故的风险，大致来源大致有以下几种。

（1）化学实验室自身属性风险

化学学科是一门实验科学，科研人员在对未知科研领域的不断探索中，许多未知因素难以预见，只能在客观上对实验操作的安全进行预判和控制。因此，蕴含各类可能导致研究主体和客体损毁的风险，包括对研究者和实验室其他非研究者的生命和健康损害、对研究设施造成破坏、对研究场所周边环境的损害等。

化学实验过程中可能会遇到新物质，而其危害性是被逐步发现和证实的；某些实验过程中会造成瞬间释放巨大能量、有毒有害物质的喷溅、物质燃烧等事件，具有不确定性，风险往往具有不可预知性。

（2）基本安全保障设施的缺陷

目前，有相当数量老旧的化学类实验室基本安全保障设施还比较欠缺，如消防设施（烟感报警系统、应急照明系统、逃生指示标识等）、通风系统、危险气体检测与报警系统、应急喷淋与洗眼装置等，存在较大的安全风险，需要加大投入，不断完善。对于近期各高校建设的实验室大楼，虽然已经考虑到这些问题，但由于缺乏化学实验室设计规范和标准、投入资金不足、建设部门不够重视等原因，导致建成的新实验室仍存在一定的安全隐患，需要及时发现、补救，减少风险。

（3）实验人员主观安全意识懈怠

许多实验人员主观上对实验室安全不重视，其主要原因是实验室未发生过安全事故、或已发生事故但损失不大、或事故没有牵涉自己，造成思想上的麻痹。

上述因素极大地造成了化学实验的安全风险存在的可能性。因此，安全风险评估可以有效规避和减少安全事故的发生，在实验室科研活动中是非常重要和必要的环节。

1.1.3.2　实验室安全风险评估的主要内容

风险评估工作包括：

① 鉴定所使用或制造的物质的危害；

② 评估有关危害造成实际伤害的可能性及严重程度；

③ 决定采用什么控制措施，从而把风险减小到可以接受的程度，例如，把物质的分量减少，使用较为稀释的溶液、危险性较低的化学品或较低的电压，以及使用通风橱、个人防护装备等；

④ 确定如何处置在进行实验后所产生的危险残余物。

1.1.4　实验室安全基本制度

在实验操作中，经常使用各种化学药品和仪器设备，以及水、电、煤气，还会经常遇到高温、低温、高压、真空、高电压、高频和带有辐射源的实验条件和仪器，若缺乏必要的安全防护知识，会造成生命和财产的巨大损失。因此实验室必须建立健全以实验室主要负责人为主的各级安全责任人的安全责任制和相关安全规章制度，用于加强实验室安全管理。

1.1.4.1　主要制度规定

（1）个人防护规定

① 实验人员进入实验室，必须按规定穿戴必要的工作防护服，用于防护化学品喷溅或滴漏等危害。

② 实验过程中使用挥发性有机溶机、特定化学物质或其它环保署列管毒性化学物质等化学药品时，必须要穿戴防护用具，包括防护口罩、防护手套、防护眼镜，上述装备必须佩戴齐全后，方可进行实验。

③ 实验过程中，严禁戴隐形眼镜，主要防止化学药剂溅入眼睛而腐蚀眼睛。

④ 实验人员进行实验时，需将长发及松散衣服进行固定，特别是在药品处理过程中。

⑤ 进入实验室进行实验时，需穿覆盖全脚面的鞋子；尽量不要穿着裙子等将

身体部位大面积暴露于空气中的衣服进行实验。

⑥ 操作高温实验时，必须戴防高温手套。

（2）饮食规定

① 避免在实验室或附近区域进行饮食，使用化学药品或结束实验后，需彻底洗净双手后方能进食。

② 食物严格禁止储藏于储有化学药品的冰箱或储藏柜内。

（3）药品领用、存储及操作相关规定

① 操作危险性化学药品务必遵守操作守则或遵照老师规定的操作流程进行实验；切勿擅自更换实验流程（危险性化学品种类见危险性化学品名录）。

② 领取药品时，需根据容器上标示中文名称进行确认。

③ 取到药品后，确认药品危害标示和图样，掌握该药品的危害性。

④ 使用挥发性有机溶剂、强酸强碱性、高腐蚀性、有毒性药品时，严格在通风橱内进行操作，注意通风设备的正确使用，勿将有害气体泄漏至实验室内。

⑤ 有机溶剂，固体化学药品，酸、碱化合物均需分开存放，挥发性化学药品必须放置于具抽气装置的药品柜中。

⑥ 高挥发性或易于氧化的化学药品必须存放于冰箱或冰柜之中。

⑦ 在进行具有潜在危险实验操作时，避免单独一人在实验室操作，至少保证两人在实验室后，方可进行实验。

⑧ 在进行无人监督实验时，需充分考虑实验装置对于防火、防爆、防水灾的要求和潜在危害，保证实验室内灯光常亮，并在显眼位置注明实验人员的联系信息和出现危险时联系人信息。

⑨ 开展高温高压等危险性系数较高实验时必须经实验室负责人批准，并且实验内必须两人以上在场方可进行，节假日和夜间严禁开展该类实验。

⑩ 开展使用或产生危害性气体的实验必须在通风橱里进行。

⑪ 开展放射性、激光等对人体危害较为严重的实验，应制定严格安全措施，做好个人防护。

⑫ 实验产生的废弃药液或过期药液或废弃物必须依照分类进行明确标示，药品使用后的废（液）弃物严禁倒入水槽或水沟，应列入专用收集容器中回收（实验废弃物处理参见本书第 4 章部分）。

（4）用电安全相关规定

① 实验室内的电气设备的安装和使用管理，必须符合安全用电管理规定，大功率实验设备用电必须使用专线，严禁与照明线共用，谨防因超负荷用电着火。

② 实验室用电容量的确定要兼顾事业发展的增容需要，留有一定余量。严禁实验室内私自乱拉乱接电线。

③ 实验室内的用电线路和配电盘、板、箱、柜等装置及线路系统中的各种开关、插座、插头等均应经常保持完好可用状态，熔断装置所用的熔丝必须与线路允许的容量相匹配，严禁用其他导线替代。室内照明器具都要经常保持稳固可用状态。

④ 针对存放散布易燃、易爆气体或粉体的实验室内，所用电器线路和用电装置均应按相关规定使用防爆电气线路和装置。

⑤ 实验室内可能产生静电的部位、装置进行明确标记和警示，对其可能造成的危害要有妥善的预防措施。

⑥ 实验室内所用的高压、高频设备要定期检修，要有可靠的防护措施。特别是自身要求安全接地设备；定期检查线路，测量接地电阻。自行设计或对已有电气装置进行自动控制的设备，在使用前必须经实验室与专业人员组织进行验收合格后方可使用，其中的电气线路部分，也应在专业人员查验无误后再投入使用。

⑦ 实验室内不得使用明火取暖，严禁抽烟。必须使用明火实验的场所，须经批准后使用。

⑧ 切勿在双手沾水或潮湿时接触电器用品或电器设备；严禁使用水槽旁的电器插座（防止漏电或感电）。

⑨ 实验室内的专业人员必须掌握本室的仪器、设备的性能和操作方法，严格按操作规程操作。

⑩ 机械设备应装设防护设备或其它防护罩。

⑪ 电器插座使用时切勿连接太多电器，以免负荷超载，引起电器火灾。

⑫ 请勿使用无接地设施的电器设备，以免产生感电或触电。

（5）压力容器安全规定

① 气瓶应专瓶专用，严禁随意改装其它种类的气体；

② 气瓶应存放在阴凉、干燥、远离热源的地方，易燃气体气瓶与明火距离不小于 5m；氢气瓶应进行隔离存放；

③ 气瓶搬运要轻要稳，放置要牢靠；

④ 不得混用各种气压表；

⑤ 氧气瓶严禁油污，注意手、扳手或衣服上的油污污染气瓶；

⑥ 气瓶内气体不可用尽，以防倒灌；

⑦ 开启气门时应站在气压表的一侧，严禁将头或身体对准气瓶总阀，防止阀门或气压表因压力过大脱离气瓶冲出伤人。

⑧ 搬运应确知护盖锁紧后才进行。

⑨ 容器吊起搬运不得用电磁铁、吊链、绳子等直接吊运。

⑩ 气瓶远距离移动尽量使用手推车，务求安稳直立。

⑪ 以手移动容器，应直立移动，不可卧倒滚运。

⑫ 气瓶使用时应加固定，容器外表颜色应保持鲜明容易辨认。

⑬ 确认容器的用途无误时方可使用。

⑭ 定期检查管路是否漏气，压力表是否正常。

（6）环境卫生

① 各实验室应注重环境卫生，并须保持整洁。

② 为减少实验室内尘埃，洒扫工作应于工作时间外进行。

③ 有盖垃圾桶应常清除消毒以保证环境清洁。

④ 垃圾清除及处理，必须合乎卫生要求，应按指定处所倾倒，不得任意倾倒堆积影响环境卫生；实验垃圾应按照规定进行处理，切勿与生活垃圾混淆处理。

⑤ 凡有毒性或易燃的垃圾废物，均应特别处理，以防火灾或有害人体健康。

⑥ 窗面及照明器具透光部分均须保持清洁。

⑦ 保持所有走廊、楼梯通行无阻。

⑧ 油类或化学物溢满地面或工作台时应立即擦拭冲洗干净。

⑨ 工业消防用水，应与饮用水区分开。分别放于相应处所。

1.1.4.2　安全防护规定

（1）防火

① 防止煤气管、煤气灯漏气，使用煤气后一定要确保把阀门完全关闭。

② 乙醚、乙醇、丙酮、二硫化碳、苯等有机溶剂易燃，实验室不宜过多存放，使用时或使用结束后，严禁倒入下水道，以免集聚引起火灾。

③ 金属钠、钾、铝粉、电石、黄磷以及金属氢化物要注意使用和存放，使用结束后严格按照相关处理规定进行后续处理，不可直接当作实验废弃物处理，特别注意不能与水直接接触。

④ 分析实验室可能着火点，牢记实验室着火类型，可根据不同情况，选用水、沙、泡沫、二氧化碳或四氯化碳灭火器灭火。

（2）防爆（化学药品的爆炸分为支链爆炸和热爆炸）

① 氢气、乙烯、乙炔、苯、乙醇、乙醚、丙酮、乙酸乙酯、一氧化碳、水煤气和氨气等可燃性气体与空气混合至爆炸极限，在有热源引发情况下，极易发生支链爆炸，因此该类气体的存储应当进行隔离存储；进行实验使用时，应该在通风设备良好的通风橱内进行，并且做好相关的防护措施，确保实验装置的气密性。对于防止支链爆炸，主要是防止可燃性气体或蒸气散失在室内空气中，保持室内通风良好。当大量使用可燃性气体时，应严禁使用明火和可能产生电火花的电器；

② 过氧化物、高氯酸盐、叠氮铅、乙炔铜、三硝基甲苯等易爆物质，受震或受热可能发生热爆炸，使用时轻拿轻放，注意周边环境对其存放和使用的影

响。为预防热爆炸，强氧化剂和强还原剂必须分开存放，使用时轻拿轻放，远离热源。

（3）防灼伤

除了高温以外，液氮、强酸、强碱、强氧化剂、溴、磷、钠、钾、苯酚、醋酸等物质都会灼伤皮肤；实验时穿实验服，佩戴防护眼镜、口罩、手套等相关防护设备，注意不要让皮肤与其接触。

（4）防辐射

化学实验室的辐射，主要是指 X 射线辐射，人体长期暴露于 X 射线照射，会导致疲倦，记忆力减退，头痛，白细胞减少等。避免身体各部位（尤其是头部）直接受到 X 射线照射，操作时需要屏蔽和缩时，采用铅、铅玻璃等屏蔽物进行屏蔽。

1.1.4.3　实验三废处理规定

（1）废气

产生少量有毒气体的实验应在通风橱内进行。通过排风设备将少量毒气排到室外；产生大量有毒气体的实验必须具备吸收或处理装置。

（2）废物

实验产生的少量有毒的废渣应埋于地下固定地点，大量废渣应根据相应的处理方法进行处理。

实验结束后产生的实验垃圾，应与生活垃圾严格区分，根据相关处理规定和方法予以合理安全处理。

（3）废液

对于废酸液，可先用耐酸塑料网纱或玻璃纤维过滤，然后加碱中和，调 pH 值至 6 ~ 8 后可排出，少量废渣埋于地下；对于剧毒废液，必须采取相应的措施，消除毒害作用后再进行处理；实验室内大量使用冷凝用水，无污染可直接排放；洗刷用水，污染不大，可排入下水道；酸、碱、盐水溶液用后均倒入酸、碱、盐污水桶、经中和后排入下水道；有机溶剂回收于有机污桶内，采用蒸馏、精馏等分离办法回收；重金属离子用沉淀法等集中处理。有关实验废弃物处理的具体方法，参阅本书第 4 章内容。

1.2　实验室应急管理

1.2.1　实验室应急预案储备

目前，实验室安全事故应急管理存在的问题主要体现在以下几个方面[9]。

① 实验室管理规定与应急预案的混淆。实验室在正常运行后，各主管单位根据安全管理的要求，制定出相应的实验室的管理规定，但该类规定仅仅停留在管理层面，并且是保证日常实验室运行的一种操作规范。在实验室出现安全事故时，实验室使用人员不能依照管理规定进行事故处置，往往出现不知所措、任由事故蔓延发展的情况，使原本可以控制的局面无限度地扩大，造成不必要的财产损失甚至人身伤害。

② 应急预案的建设不全面，缺乏演练[10]。制度建设完备实验室根据事故的发生，或已建立了相应的应急预案，但有些应急预案过于简单，甚至只是以电话号码为主。有些应急救援预案虽已进行了宣传和培训工作，但主要的演练项目局限于火灾事故的演练，而对化学实验室日常接触的危险化学品中有毒有害的物质引发的安全事故未能开展有效的演练。

③ 部门之间信息交流缺乏沟通。从实际情况来看，学校实验室、各部门之间信息流不畅，对实验室潜在的危险不能完全掌握，特别是对于危险品相对集中的实验室，该类问题尤为突出。

④ 缺少应急管理宣传力度。目前，针对科研人员的安全培训仅局限在安全教育或者已发生的安全事故的警示，较少从安全事故预防的角度进行宣传教育和有效的应急演练，从而导致在实验室从事科研的人员缺少详细、全面的应急救援知识，对事故应急处置能力较差。因此，在安全事故发生时，救援效率低，信息传递的速度慢，对危险事故的监控自动化程度低，发生事故后所造成的损失会更大。

针对实验室应急预案建设中存在的上述问题，在构建实验室安全事故应急管理体系时，通常考虑以下方面：

① 应急工作组织系统[11]。科研机构实验室应急管理体系构建时，首先应成立安全事故应急领导小组，该小组是处理实验室安全事故（事件）的最高指挥机构。小组成员组成主要由科研机构领导和相关职能处室负责人组成，以确保事故发生后，整个安全事故的处理能够在领导小组统一高效指挥下完成，避免事故责任的推卸以及处置时部门之间的相互推诿。

安全事故应急领导小组主要职责是指挥和协调实验室安全事故（事件）应急处置工作；组织制定和完善应急预案，决定应急预案的启动和终止；组织分析、研究实验室安全事故（事件）有关信息，对处理过程中的重要举措做出决策；组建应急救援队伍，配备应急救援设施、器材，审批重大事件应急救援费用；向政府有关部门和应急机构等社会力量寻求援助；接受上级机关的领导，请示并落实上级指令，审定并签发递交上级机关的报告，审定对外发布的信息。

实验室安全应急预案启动后，领导小组自动转为应急救援指挥中心。应急救援指挥中心的职责是进行事故现场应急处置的指挥和协调；根据应急预案及现场需要，调动应急救援力量和资源（包括人员、设备、物资、交通工具等），根据现场情况调整救援抢险方案。如事故得不到有效控制时，决定是否提升应急响应级别；核实应急终止条件，应急处置工作完成后作出总结。事故救援过程中各工作组组成和主要职责如表 1–2 所示。

表 1–2　应急救援工作组组成及主要职责

应急救援工作组	主要职责
施救处置组	紧急状态下的现场抢险、现场危险源的控制和处理、设备抢修等
安全警戒组	事故现场的警戒保卫和隔离工作、人员的疏散保护工作，保证事故应急救援现场的道路畅通等
物资供应组	为救援、处置和善后工作提供必要的物资供应，采购、保管应急救援物资，确保在应急救援时能有效、及时提供后勤保障，保证应急救援时水、电的供给与控制
医疗救护组	组织救护车辆、医务人员、急救器材进入指定地点，组织现场抢救伤员及转送等
善后处理组	安全事故的善后处理；发布事故处置过程、结果；组织对安全事故开展调查等

② 实验室安全事故预警系统。实验室安全事故预警系统的主要工作内容是做好实验室危险源辨识和风险评估，确定安全事故潜在危险源的种类和危险等级，明确标示危险源的空间和地域分布，依据相关安全法规和技术标准强化对危险源的严格管理，采取针对性的预防措施，防止安全事故的发生及事故发生后危害范围扩大。明确实验室、相关科研人员的安全职责，建立从实验室责任人到具体实验操作人员的全方位安全责任制，认真落实实验室安全管理制度，加强应急反应机制的长效管理，在实践中不断修订和完善实验室安全应急预案。

定期开展对相关危险源的检查工作，并在危险要害部位安装摄像头或检测装置，实现对重大危险源进行实时监测。做好应对实验室突发安全事件的人力、物力和财力的储备工作，确保实验室安全事故应急所需设施、设备的完好、有效。在危险要害部位，设置明显的安全警示标志。对潜在的事故隐患，依照应急管理预案规定的信息报告程序和时限及时上报，对可能引发实验室安全事故的重要信息及时进行分析、判断和决策，并及时发布预警信息，做到早发现、早报告、早处置。在确认可能引发某类事故的预警信息后，应根据已制定的应急预案及时部署，迅速通知或组织有关部门采取行动，防止事故发生或事态的进一步扩大。

③ 应急响应系统。实验室事故类型多，危险源也多。根据危险源种类及分布情况，将实验室安全事故归纳成危险化学品事故、实验室火灾事故、实验室辐射（放射）事故、实验室生物安全事故、机械和强电相关事故等。为提高实验室安全事故应急处置效率和能力，当确认安全事故即将或已经发生后，实验室直接管理人员应根据事故的等级和类别做出合适的应急响应。主要流程如图 1–2 所示。

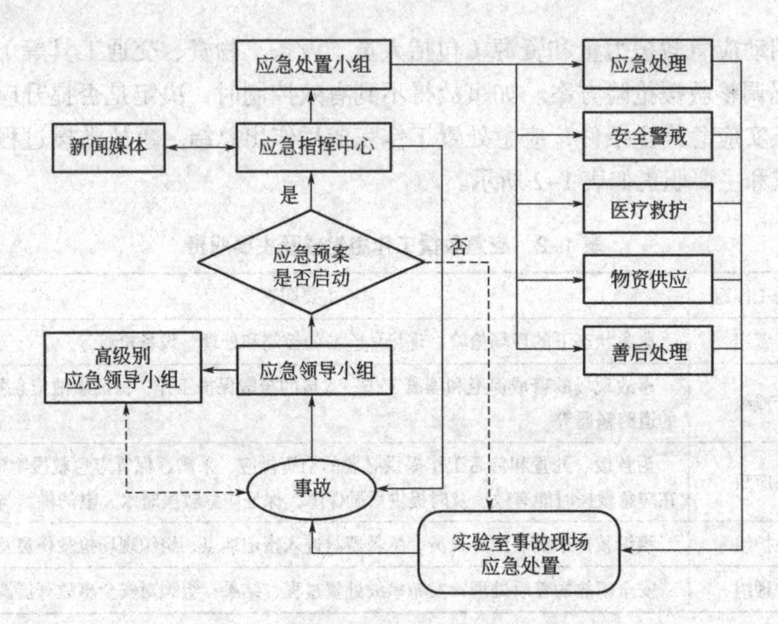

图 1-2　实验室安全事故应急处理流程

第一，当确认实验室安全事故即将或已经发生后，实验室直接管理人员根据事故等级和事故的类别立即作出响应，立即启动应急预案，成立现场指挥小组。

第二，各应急处置工作小组应立即调动有关人员赶赴现场，在现场指挥小组的统一指挥下，开展工作。

第三，如事故和险情未能得到有效控制，现场指挥小组应立即提高响应级别，并及时向上级主管部门报告。

第四，根据事故和险情的变化与发展，及时向上级主管部门报告情况，适时通过媒体发布有关信息，正确引导舆论。

第五，参加重大事故应急处置的工作人员，应按照预案的规定，采取相应的保护措施，并在专业人员的指导下进行工作。当事故险情得到有效控制，危害被基本消除，受困人员全部脱离险境、受伤人员得到基本救治，次生危害被排除，由指挥中心宣布应急救援结束；重特大事故，应取得上级主管部门同意后，方可宣布应急救援结束。

④ 后期处置系统。

第一，应急恢复。在事故和险情得到有效控制后，各部门应根据领导小组指示，积极采取措施和行动，尽快使科研活动和实验室环境恢复到正常状态。

第二，善后处置。实验室及室内设备在事故发生后遭到严重损坏，必须进行全面检修，并经检验合格后方可重新投入使用。对严重损坏、无维修价值的设备应当予以报废。安全事故中，如有毒性介质、生物介质和病毒泄漏的，应当经环保部门和卫生防疫部门检查并出具意见后，方可进行下一步修复工作。按国家有关规定做好安抚、理赔工作，提供心理及司法援助。

第三，调查与评估。事故应急处置完成后，实验室管理部门需立即对事故的原因进行调查，询问事件或事故的当事人，记录事件或事故发生时的状态，填写事故调查单。事故处理后要分析事故发展过程，吸取教训，提出改进措施，进一步完善和改进应急预案。

1.2.2　化学实验室事故应急预案内容介绍

针对上节实验室安全事故应急预案的相关介绍，以下以化学实验室为例，介绍应急预案主要涵盖的具体内容。参考该章节进行应急预案制定时可进行灵活处理，特别是根据实验室的管理规模以及可能出现事故的等级，在充分考虑上述主要系统构建要素基础上，可以自行制定组织结构合理、操作切实可行的安全事故应急预案。

1.2.2.1　实验室安全隐患分析

根据现有实验室的布局、房间相对位置、各个实验室内的仪器设备配置、药品存放位置，种类和数量，实验室常用气体的存放位置及数量等与实验相关并且容易产生安全隐患的一切物品进行分析，实验室存在的安全隐患，易发生的事故类型有以下几类。

（1）火灾

火灾性事故的发生具有普遍性，几乎所有的实验室都可能发生：

① 忘记关电源，致使设备或用电器具通电时间过长，温度过高，引起着火；

② 操作不慎或使用不当，使火源接触易燃物质，引起着火；

③ 供电线路老化、超负荷运行，导致线路发热，引起着火；

④ 乱扔烟头，接触易燃物质，引起着火。

（2）爆炸

爆炸性事故多发生在具有易燃易爆物品和压力容器的实验室：

① 违反操作规程，引燃易燃物品，进而导致爆炸；

② 设备老化，存在故障或缺陷，造成易燃易爆物品泄漏，遇火花而引起爆炸。

（3）中毒

毒害性事故多发生在具有化学药品，剧毒物质的化学实验室和有毒气排放的实验室：

① 违反操作规程，将食物带进有毒物的实验室，造成误食中毒；

② 设备设施老化，存在故障或缺陷，造成有毒物质泄漏或有毒气体排放不出，酿成中毒；

③ 管理不善，造成有毒物品散落流失，引起环境污染；

④ 废水排放管路受阻或失修改道，造成有毒废水未经处理而流出，引起环境污染；

⑤ 进行有毒有害操作时不佩戴相应的防护用具；

⑥ 不按照要求处理实验“三废”，污染环境。

（4）触电

① 违反操作规程，乱拉电线等；

② 因设备设施老化而存在故障和缺陷，造成漏电触电。

（5）灼伤

皮肤直接接触强腐蚀性物质、强氧化剂、强还原剂，如浓酸、浓碱、氢氟酸、钠、溴等引起的局部外伤：

① 在做化学实验时没有根据实验要求配戴护目镜，眼睛受刺激性气体熏染，化学药品特别是强酸、强碱、玻璃屑等异物进入眼内；

② 在紫外光下长时间用裸眼观察物体；

③ 使用毒品时没有配戴橡皮手套，而是用手直接取用化学毒品；

④ 在处理具有刺激性的、恶臭的和有毒的化学药品时，没有在通风橱中进行，吸入了药品和溶剂蒸气；

⑤ 用口吸吸管移取浓酸、浓碱，有毒液体，用鼻子直接嗅气体。

1.2.2.2 成立实验室应急组织机构、明确职责

以实验室为单位成立实验室安全事故应急领导小组。

领导小组主要职责：

① 组织制定安全保障规章制度；

② 保证安全保障规章制度有效实施；

③ 组织安全检查，及时消除安全事故隐患；

④ 组织制定并实施安全事故应急预案；

⑤ 负责现场急救的指挥工作；

⑥ 及时、准确报告安全事故。应急电话号码：火警为 119；匪警为 110；医疗急救为 120。

1.2.2.3 实验室突发事故应急处理预案

（1）实验室火灾应急处理预案

① 发现火情，现场工作人员立即采取措施处理，防止火势蔓延并迅速报告。

② 确定火灾发生的位置，判断出火灾发生的原因，如压缩气体、液化气体、易燃液体、易燃物品、自燃物品等。

③ 明确火灾周围环境，判断出是否有重大危险源分布及是否会带来次生灾难发生。

④ 明确救灾的基本方法，并采取相应措施，按照应急处置程序采用适当的消防器材进行扑救；包括木材、布料、纸张、橡胶以及塑料等的固体可燃材料的火灾，可采用水冷却法，但对珍贵图书、档案应使用二氧化碳、卤代烷、干粉灭火剂灭火。易燃可燃液体、易燃气体和油脂类等化学药品火灾，使用大剂量泡沫灭火剂、干粉灭火剂将液体火灾扑灭。带电电气设备火灾，应切断电源后再灭火，因现场情况及其他原因，不能断电，需要带电灭火时，应使用沙子或干粉灭火器，不能使用泡沫灭火器或水。可燃金属，如镁、钠、钾及其合金等火灾，应用特殊的灭火剂，如干砂或干粉灭火器等来灭火。

⑤ 依据可能发生的危险化学品事故类别、危害程度级别，划定危险区，对事故现场周边区域进行隔离和疏导。

⑥ 视火情拨打“119”报警求救，并到明显位置引导消防车。

（2）实验室爆炸应急处理预案

① 实验室爆炸发生时，实验室负责人或安全员在其认为安全的情况下必须及时切断电源和管道阀门；

② 所有人员应听从临时召集人的安排，有组织地通过安全出口或用其他方法迅速撤离爆炸现场；

③ 应急预案领导小组负责安排抢救工作和人员安置工作。

（3）实验室中毒应急处理预案

实验中若感觉咽喉灼痛、嘴唇脱色或发绀，胃部痉挛或恶心呕吐等症状时，则可能是中毒所致。视中毒原因施以下述急救后，立即送医院治疗，不得延误。

① 首先将中毒者转移到安全地带，解开领扣，使其呼吸通畅，让中毒者呼吸到新鲜空气。

② 误服毒物中毒者，须立即引吐、洗胃及导泻，患者清醒而又合作，宜饮大量清水引吐，亦可用药物引吐。对引吐效果不好或昏迷者，应立即送医院用胃管洗胃。孕妇应慎用催吐救援。

③ 重金属盐中毒者，喝一杯含有几克 $MgSO_4$ 的水溶液，立即就医。不要服催吐药，以免引起危险或使病情复杂化。砷和汞化物中毒者，必须紧急就医。

④ 吸入刺激性气体中毒者，应立即将患者转移离开中毒现场，给予 2% ~ 5% 碳酸氢钠溶液雾化吸入、吸氧。气管痉挛者应酌情给解痉挛药物雾化吸入。应急

人员一般应配置过滤式防毒面罩、防毒服装、防毒手套、防毒靴等。

（4）实验室触电应急处理预案

① 触电急救的原则是在现场采取积极措施保护伤员生命。

② 触电急救，首先要使触电者迅速脱离电源，越快越好，触电者未脱离电源前，救护人员不准用手直接触及伤员。使伤者脱离电源方法：a. 切断电源开关；b. 若电源开关较远，可用干燥的木棍、竹竿等挑开触电者身上的电线或带电设备；c. 可用几层干燥的衣服将手包住，或者站在干燥的木板上，拉触电者的衣服，使其脱离电源。

③ 触电者脱离电源后，应视其神志是否清醒，神志清醒者，应使其就地躺平，严密观察，暂时不要站立或走动；如神志不清，应就地仰面躺平，且确保气道通畅，并于 5s 时间间隔呼叫伤员或轻拍其肩膀，以判定伤员是否意识丧失。禁止摇动伤员头部呼叫伤员。

④ 抢救的伤员应立即就地坚持用人工心肺复苏法正确抢救，并设法联系校医务室接替救治。

（5）实验室化学灼伤应急处理预案

① 强酸、强碱及其它一些化学物质，具有强烈的刺激性和腐蚀作用，发生这些化学灼伤时，应用大量流动清水冲洗，再分别用低浓度的（2% ~ 5%）弱碱（强酸引起的）、弱酸（强碱引起的）进行中和。处理后，再依据情况而定，作下一步处理。

② 溅入眼内时，在现场立即就近用大量清水或生理盐水彻底冲洗。每一实验室楼层内备有专用洗眼水龙头。冲洗时，眼睛置于水龙头上方，水向上冲洗眼睛，时间应不少于 15min，切不可因疼痛而紧闭眼睛。处理后，再送眼科医院治疗。

1.3 实验室安全风险防护

1.3.1 实验室常用安全防护装备介绍

安全防护装备是指用于防止工作人员受到物理、化学和生物等有害因子伤害的器材和用品，其相关装备如图 1–3 所示。

1.3.1.1 安全防护装备选择原则

实验室工作人员应根据不同级别安全水平和工作性质来选择个人防护装置并掌握正确的使用方法。

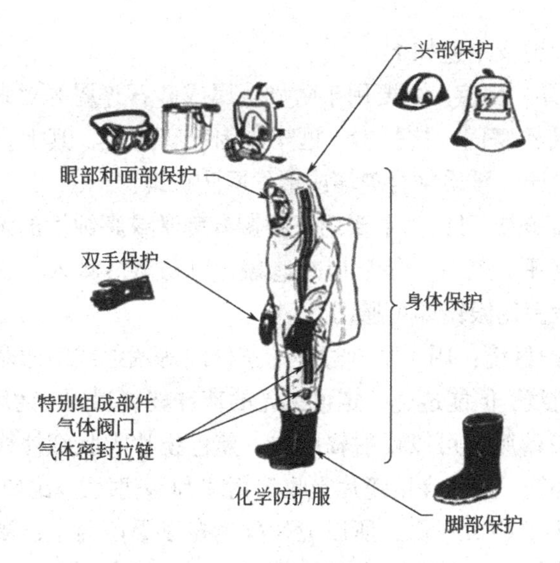

图 1–3　个人防护装备配备

1.3.1.2　安全防护装备选择注意事项

① 个人防护用品应符合国家规定的有关标准；

② 在危害评估的基础上，按不同级别防护要求选择适当的个人防护装备；

③ 个人防护装备的选择、使用、维护应有明确的书面规定、程序和使用指导；

④ 使用前应仔细检查，不使用标志不清、破损或泄漏的防护用品。

1.3.1.3　安全防护装备主要包括

（1）眼睛防护（安全镜、护目镜）

护目镜是一种起特殊作用的眼镜，使用的场合不同，需求的眼镜也不同。如医院用的手术眼镜，电焊的时候用的焊接眼镜，激光雕刻中的激光防护眼镜等。防护眼镜在工业生产中又称作劳保眼镜，分为安全眼镜和防护面罩两大类，作用主要是保护眼睛和面部免受紫外线、红外线和微波等电磁波的辐射，粉尘、烟尘、金属和砂石碎屑以及化学溶液溅射的损伤。护目镜常见样式如图 1–4 所示。

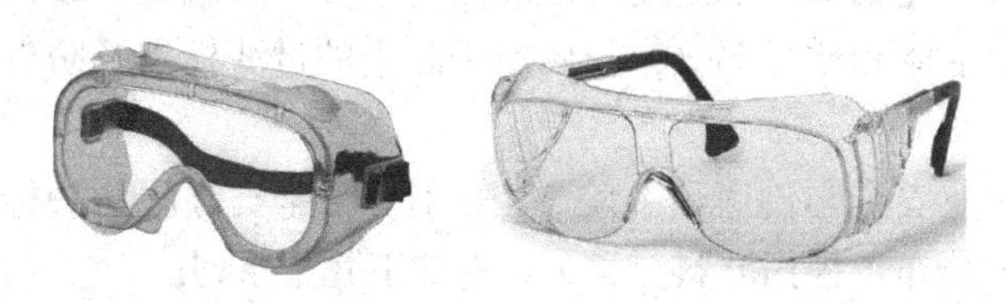

图 1–4　常见护目镜样式

护目镜主要种类及用途如下。

① 防固体碎屑护目镜：主要用于防御金属或砂石碎屑等对眼睛的机械损伤。眼镜片和眼镜架结构坚固，抗打击。框架周围装有遮边，其上应有通风孔。防护镜片可选用钢化玻璃、胶质粘合玻璃或铜丝网防护镜。

② 防化学溶液的护目镜：主要用于防御有刺激或腐蚀性的溶液对眼睛的化学损伤。可选用普通平光镜片，镜框应有遮盖，以防溶液溅入。通常用于实验室、医院等场所，一般医用眼镜即可通用。

③ 防辐射的护目镜：用于防御过强的紫外线等辐射线对眼睛的危害。镜片由能反射或吸收辐射线，但能透过一定可见光的特殊玻璃制成。镜片镀有光亮的铬、镍、汞或银等金属薄膜，可以反射辐射线；蓝色镜片吸收红外线，黄绿镜片同时吸收紫外线和红外线，无色含铅镜片吸收 X 射线和 γ 射线。比如常见的电焊眼镜，对镜片的透光率要求相对很低，所以镜片颜色多以墨色为主；激光防护眼镜，顾名思义，就是能防止激光对眼镜的辐射，所以对镜片要求很高，比如对光源的选择、衰减率、光反应时间、光密度、透光效果等，不同纳米的激光就需要用不同波段的镜片。

（2）头面部及呼吸道防护（口罩、面罩、个人呼吸器、防毒面具、帽子）

① 口罩。目前实验室常用口罩样式如图 1–5 所示，大致种类主要有如下几种。

活性炭口罩：利用活性炭较大的表面积（500 ~ 1000 m^2/g），强的吸附性能，将其作为吸附介质，制作而成的口罩。

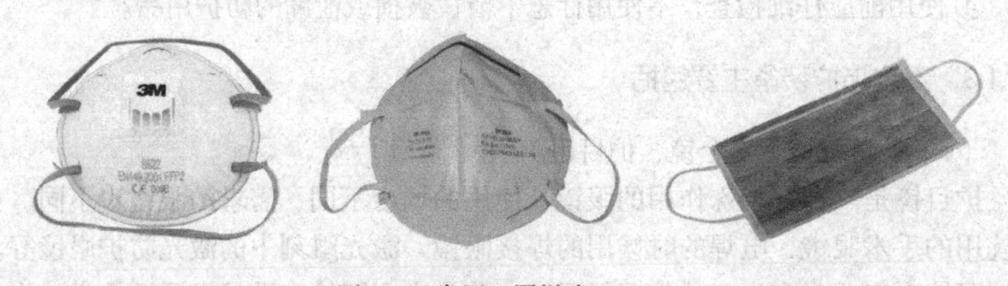

图 1–5　常用口罩样式

空气过滤式口罩：主要工作原理是使含有害物的空气通过口罩的滤料过滤净化后再被人吸入，过滤式口罩是使用最广泛的一类。过滤式口罩的结构应分为两大部分，面罩的主体和滤材部分，包括用于防尘的过滤棉以及防毒用的化学过滤盒等。

美国国家职业安全与健康研究院（NIOSH）粉尘类呼吸防护标准 42CFR84，1995 年 6 月 8 日公布（根据滤料分类），有如下几个系列。

N 系列：防护非油性悬浮颗粒无时限。

R 系列：防护非油性悬浮颗粒及汗油性悬浮颗粒时限 8h。

P 系列：防护非油性悬浮颗粒及汗油性悬浮颗粒无时限。

有些颗粒物的载体是有油性时，而这些物质附在静电无纺布上会降低电性，使细小粉尘穿透，因此对于防含油气溶胶的滤料要经过特殊的静电处理，以达到防细小粉尘的目的。所以每个系列又划分出了 3 个水平：95%，99%，99.97%（即简称为 95，99，100），总计有 9 小类滤料。

此外，欧盟、澳大利亚、日本等国家也制定了相应的滤材标准。我国出台国家标准 GB6223—86 UDC614.894，也对滤料进行了分类。

② 防毒面具。实验室使用的主流防毒面具如图 1-6 所示，主要包括以下几类。

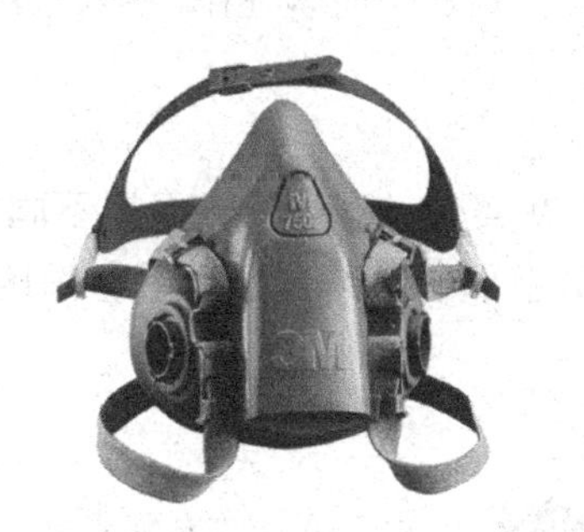

图 1-6　防毒面具

过滤式防毒面具是一种能够有效地滤除吸入空气中的化学毒气或其他有害物质，并能保护眼睛和头部皮肤免受化学毒剂伤害的防护器材，是消防部队最常用的一种防毒面具。不同类型产品的基本结构和防毒原理相同，都是由滤毒罐、面罩和面具袋组成。在使用这种防毒面具时，由于面具的呼吸阻力、有害空间和面罩的局部作用，对人体的正常生理功能造成不同程度的影响。在平时，健康人员尚可忍受，在一些特殊情况下，就可能会带来一定的恶果。因此，对不适合戴面具的人员，应根据病情限制或禁止使用防毒面具。对患有心血管、呼吸系统疾病，贫血、高血压、肾脏病患者等，应尽量缩短配戴时间。

隔绝式防毒面具是一种可使呼吸器官完全与外界空气隔绝，其中的储氧瓶或产氧装置产生的氧气供人呼吸的个人防护器材。隔绝式防毒面具与滤过式防毒面具相比的优点是能有效地防护各种浓度的毒剂、放射性物质和致病微生物的伤害，并能在缺氧或含有大量一氧化碳及其他有害气体的条件下使用。隔绝式防毒面具的缺点是较笨重，使用复杂，容易发生故障和价格较贵。根据隔绝式面具的供氧方式不同，可分为带氧面具和产氧面具两种。带氧面具的基本原理是人吸入钢瓶中经过减压的高压氧，呼出气中的二氧化碳和水蒸气被清洁罐中的氢氧化锂或钠石灰吸收，剩余的氧气又重新回到气囊中被再次利用。氧气用完以后更换氧气瓶，清洁罐失效时可换新的清洁罐。目前我们使用的带氧面具主要是氧气呼吸器，钢瓶中贮存可利用的压缩氧气，一次有效使用时间为 40min 到 2 小时。产氧面具的基本原理是利用人呼出的水汽和二氧化碳与面具内的生氧剂发生化学反应，放出氧气供人呼吸。这种面具产氧罐内的生氧剂主要有超氧化钠或超氧化钾，其反应如下：$4NaO_2+2H_2O \rightarrow 4NaOH+3O_2$，$4NaO_2+2CO_2 \rightarrow 2Na_2CO_3+3O_2$。产氧面具的重量比带氧面具要轻些，使用也较简便。

（3）躯体防护（实验服、隔离衣、连体衣等）

实验服：是指在实验时用于保护身体和里面衣服的工作服。一般都是长袖、及膝，颜色一般为白色，故亦称白大褂。一般多以棉或麻作为制作材料，以便于用高温水洗涤。

（4）手、足防护（手套、鞋套）

实验室常用手套样式如图 1-7 所示。在实验过程中，会根据不同实验过程选择合适的手套，以达到有效保护实验人员手部的目的，根据手套作用（表 1-3）和手套材质（表 1-4）将其分类如下。

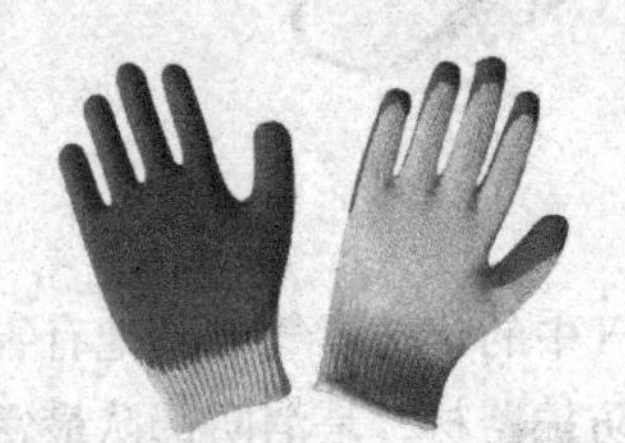
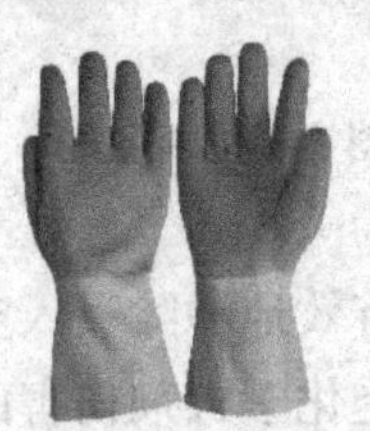
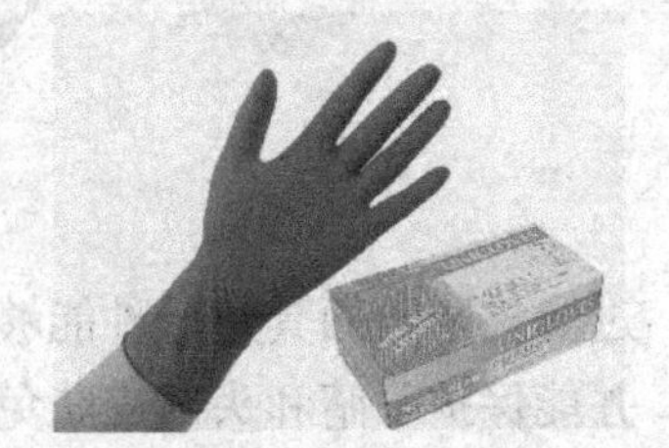

图 1-7 实验手套

① 手套种类[12]。

表 1-3 根据手套的作用分类

用途分类	主要介绍
一次性手套	主要作用是保护使用者和被处理的物体。在使用时，对手指触感要求高的工作，如实验室清洁工作。可用乳胶、丁腈橡胶或 PVC（聚氯乙烯）材料制成手套。
化学防护手套	防止化学浸透。用多种合成材料制成，如乳胶、PVC、丁腈、丁基合成橡胶、氯丁橡胶等
织布手套	织布手套的种类大致可分为：涤纶、锦纶以及棉花制成的一般用途手套，配有凯芙拉尔（Kevlar）材料、大力马（Dyneema）材料以及钢材料的耐切割手套；小比例天然胶乳和莱卡纱并加入其他纤维制成的弹力手套；以及由热泡沫或振动泡沫等材料制成的特殊用途手套（可分为超清洁手套和无菌手套）

续表

用途分类	主要介绍
一般用途手套	用于防磨损、刺穿、切割等，适用于搬运、处理物品等，常使用针织布、皮革或合成材料
防热手套	可隔热，用于高温工作环境，常使用厚皮革、特殊合成涂层、绝缘布、玻璃棉

表 1–4　根据手套材质分类[13]

材质分类	主要介绍
天然橡胶（乳胶）	通常没有衬里，并有多种款式，包括清洁款式和无菌款式。这些手套能针对碱类、醇类以及多种化学稀释水溶液提供有效地防护，并能较好地防止醛和酮的腐蚀
聚氯乙烯（PVC）	防化学腐蚀能力强，几乎可以防护所有的化学危险品。加厚和处理后的表面（如毛面）也能防一般性的机械磨损，加厚型还可防寒。使用温度为 –4℃ ~ 66℃
丁腈橡胶	通常分为一次性手套、中型无衬手套及轻型有衬手套，这种手套能防止油脂（包括动物脂肪）、二甲苯、聚乙烯以及脂肪族溶剂的侵蚀。还能防止大多数农药配方，常用于生物成分以及其他化学品的使用过程
氯丁橡胶	与天然橡胶的舒适度相似，但对于石油化工产品、润滑剂却具有很好的防护作用，另外还具有很强的抗老化性能，抗臭氧和紫外线
丁基橡胶	仅作为中型无衬手套的材料
聚乙烯醇（PVA）	可作为中型有衬手套的材料，因此这种手套能针对多种有机化学品，如脂肪族、芳香烃、氯化溶剂、碳氟化合物和大多数酮（丙酮除外）、酯类以及醚类提供高水平的防护和抗腐蚀性
皮革	防机械磨损性能较好。厚皮可防热，外层镀铝后可防高温及热辐射。喷涂革耐磨、防污
布	作为一般用途手套。使用者手指灵活，接触感良好。加厚的可用于防热、防寒。可防中、低等机械磨损。点珠类的布手套耐磨、防滑，可抓握湿滑物体

② 手套选择与使用中的注意事项。手套选择的合适与否，使用的正确与否，都直接关系到手的健康。在选择与使用过程中要注意以下几点：选用的手套要具有足够的防护作用；使用前，尤其是一次性手套，要检查手套有无小孔或破损、磨蚀的地方，尤其是指缝；使用中不要将污染的手套任意丢放；摘取手套一定要注意正确的方法，防止将手套上沾染的有害物质接触到皮肤和衣服上，造成二次污染；不要共用手套，共用手套容易造成交叉感染；戴手套前要洗净双手，摘掉手套后要洗净双手，并擦点护手霜以补充天然的保护油脂；戴手套前要治愈或罩住伤口，阻止细菌和化学物质进入血液；不要忽略任何皮肤红斑或痛痒、皮炎等皮肤病，如果手部出现干燥、刺痒、气泡等，要及时请医生诊治。

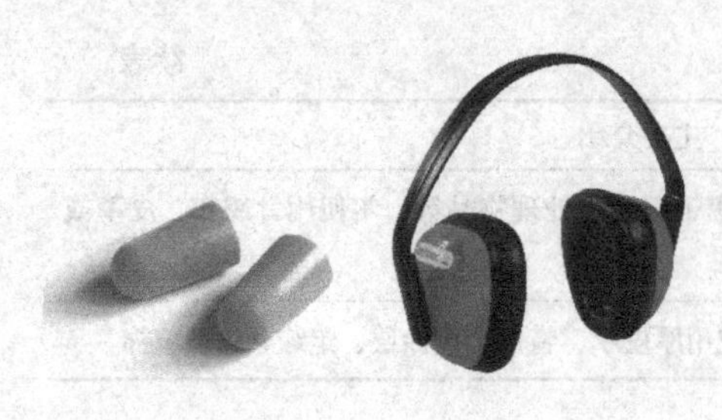

图 1–8　耳塞（左）和耳罩（右）

（5）耳（听力保护器等）

常见有耳塞和耳罩两大类，样式如图 1–8 所示：

① 耳塞是可以插入外耳道的有隔声作用的材料。按性能分为：泡棉类和预成型两类。

泡棉耳塞使用发泡型材料，压扁后回弹速度比较慢，允许有足够的时间将揉搓细小的耳塞插入耳道，耳塞慢慢膨胀将外耳道封堵起隔声目的。

预成型耳塞由合成类材料（如橡胶、硅胶、聚酯等）制成，预先模压成某些形状，可直接插入耳道。

② 耳罩的形状像普通耳机，用隔声的罩子将外耳罩住，耳罩之间用有适当夹紧力的头带或颈带将耳罩固定在头上，也可以有插槽与安全帽配合使用。

1.3.2　实验室其它安全防护设备

1.3.2.1　通风橱或通风柜

通风橱的功能中最主要的是排气功能，其样式和主要组成部件如图 1–9 所示。在化学实验室中，实验操作时产生各种有害气体、臭气、湿气以及易燃、易爆、腐蚀性物质，为了保护实验人员的安全，防止实验中的污染物质向实验室扩散，在污染源附近要使用通风柜。化学实验室高度的安全性和优越的操作性，要求通风柜应具有如下功能：

① 释放功能：应具有将通风柜内部产生的有害气体吸收柜外气体稀释后排除室外的功能。

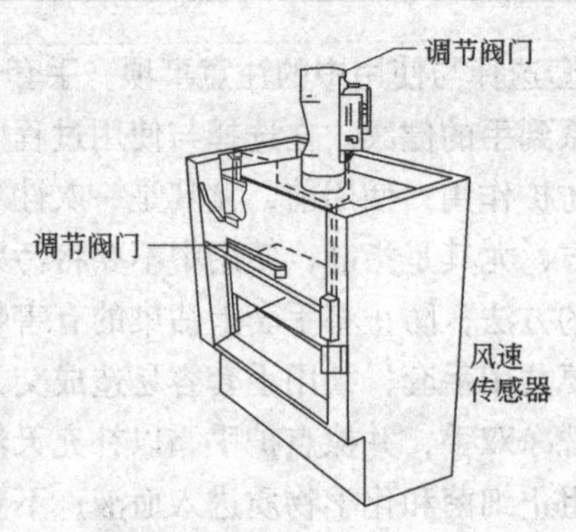

图 1–9　通风橱（左）和通风橱构造组成（右）

② 防倒流功能：应具有在通风柜内部由排风机产生的气流将有害气体从通风柜内部不反向流进室内的功能。

③ 隔离功能：在通风柜前面应具有不滑动的玻璃视窗将通风柜内外进行分隔。

④ 补充功能：应具有在排出有害气体时，从通风柜外吸入空气的通道或替代装置。

⑤ 控制风速功能：为防止通风柜内有害气体逸出，需要有一定的吸入速度。通常规定，一般无毒的污染物为 0.25 ~ 0.38m/s，有毒或有危险的有害物为 0.4 ~ 0.5 m/s，剧毒或有少量放射性为 0.5 ~ 0.6m/s，气状物为 0.5m/s，粒状物为 1m/s。

⑥ 耐热及耐酸碱腐蚀功能：通风柜内有的要安置电炉，有的实验产生大量酸碱等有毒有害气体具有极强的腐蚀性。通风柜的台面，衬板、侧板及选用的水嘴、气嘴等都应具有防腐功能。

在通风橱使用过程中，需遵守以下规则和注意事项：

① 使用前应检查电源，给排水、气体等各种开关及管路是否正常；

② 打开照明设备，检查视光源及柜体内部是否正常；

③ 打开抽风机，约 3min 内，静听运转是否正常；

④ 依以上顺序检查时，如有问题，请即暂停使用，并通知保养单位处理；

⑤ 关机前，抽风机应继续运转几分钟，使柜内废气完全排除；

⑥ 使用后应将柜体内外擦拭清洁，并关闭各项开关及视窗；

⑦ 实验室内在不使用通风柜时也要时常通风，这样对试验人员的身体健康有益；

⑧ 通风柜在使用时，每 2h 进行 10min 的补风（即开窗通风），使用时间超过 5h 的，要敞开窗户，避免室内出现负压；

⑨ 通风柜使用时，视窗高度离实验台面高度不高于 1/3；

⑩ 禁止在未开启通风柜时在其通风柜内做实验；

⑪ 禁止在做实验时将头伸进通风柜内操作或查看；

⑫ 禁止通风柜内存放易燃易爆物品或进行相关实验；

⑬ 禁止将移动插线排或电线放在通风柜内；

⑭ 禁止通风柜内做国家禁止排放的有机物质与高氯化合物质混合的实验；

⑮ 禁止在没有安全措施的情况下将所实验的物质放置在通风柜内实验，一旦出现化学物质喷溅出来，应立即将电源切断；

⑯移动上下视窗时，要缓慢操作，以免门拉手将手压坏；

⑰ 实验过程中，将视窗离台面 100 ~ 150mm 为宜；

⑱ 通风柜的操作区域要保持畅通，通风柜周围避免堆放物品；

⑲ 操作人员在不使用通风橱时，通风柜台面避免存放过多试验器材或化学物

质，禁止长期堆放。

1.3.2.2 紧急喷淋洗眼器

紧急喷淋洗眼器既有喷淋系统，又有洗眼系统。紧急喷淋洗眼器主要适用于大型石油化工、科研院校、电子行业、疾病预防控制中心等行业，其实物如图 1–10 所示。

图 1–10 紧急喷淋洗眼器

（1）使用方法

眼部伤害：取下冲眼喷头防尘罩，压下冲眼喷头阀门，将眼部移到冲眼喷头上方，根据出水高度调节眼部与出水喷头的距离。在眼部移至冲眼喷头出水上方时，喷出的水应清澈；冲洗时眼睛要睁开，眼珠来回转动；连续冲洗时间不得少于 15min，再行就医治疗。

躯体伤害：脱去污染的衣物，取下冲眼喷头防尘罩，压下冲眼喷头阀门。冲洗时不得隔着衣物冲洗伤害部位；连续冲洗时间不得少于 15min，再根据实际情况决定是否就医治疗。

（2）安装和使用要求

① 应该安装在危险源头的附近，最好在 10s 内能够快步到达洗眼器的区域范围，直线到达洗眼器的距离：10 ~ 15m 处。

② 尽量安装在同一水准面上，最好能够直线到达，避免越层救护。

③ 在洗眼器 1.5m 半径范围内，不能有电气开关，以免发生电器短路。

④ 必须连接饮用水，严禁使用循环水或工艺水。

⑤ 进水口管径不小于 25mm，确保出水量。

⑥ 只作为事故应急使用，严禁在常规情况下使用。

⑦ 器具放置点旁严禁悬挂、堆放物品。

⑧ 供水总阀必须常开，不得关闭。在安装洗眼器的周围，需要有醒目的标志。清洗营救点必须进行清洁确认，并且清除所有障碍。

⑨ 喷淋头至少持续 5 ~ 10min；眼部和脸部的清洗至少持续 15min。

1.3.2.3 防火灾设备

请参阅本书第 2 章相关章节。

参考文献

[1] 李志红 . 100 起实验室安全事故统计分析及对策研究［J］. 实验技术与管理，2014，31（4）：210–213.

[2] 张志强 . 日本高校实验室安全与环境保护考察及启示 [J]. 实验技术与管理，2010，27（7）：164-167.
[3] 关继祖，俞宗伤 . 香港科技大学实验室安全管理系统 [J]. 实验技术与管理，2009，26（10）：1-3.
[4] 林卫峰 . 高校实验室安全管理现状及其对策创新研究 [J]. 实验室科学，2008，8（4）：156-158.
[5] 范强锐 . 强化意识、转变观念，探索高效实验室安全管理新途径 [J]. 实验技术与管理，2006，23（4）：116-118.
[6] 路贵斌，姜惠敏 . 高校实验室安全隐患的排查与治理 [J]. 实验技术与管理，2008，25（10）：172-175.
[7] https：//www.admin.ox.ac.uk/safety/.
[8] 刘浴辉，向东，陈少才 . 英国牛津大学实验室安全管理体系 [J]. 实验技术与管理，2011，28（2）：168-171.
[9] 罗民超，应得标，娄军等 . 高校实验室安全事故应急管理体系研究 [J]. 实验技术与管理，2012，29（7）：193-197.
[10] 施雪华，刘耀东 . 中国高校应急管理的意义、问题与对策 [J]. 新视野，2011（2）：49-52.
[11] 黄文霞，罗一帆 . 高校化学教学实验室安全教育与管理 [J]. 实验技术与管理，2010，27（9）：193-195.
[12] Nelson, Schlatter. 找到合适的手套——手套与其耐化学性相匹配是选择合适手套的标准[J]. 流程工业，2008（22）：54-56.
[13] 李海霞 . 防护手套的选用 [J]. 中国个体防护装备，2004（6）：35-37.

第2章

实验室基本安全操作

2.1 实验室用电安全

所谓安全用电，系指电气工作人员、生产人员以及其他用电人员，在既定环境条件下，采取必要的措施和手段，在保证人身及设备安全的前提下正确使用电力。在实验室内，电是必不可少的，要想保证实验室内的用电安全，必须了解以下内容。

2.1.1 电流对人体的作用及影响

由于人体是导体，所以当人体接触带电部位而构成电流的回路时，就会有电流流过人体。电流对人体会造成不同程度的损害，归结起来为两种伤害：一种是电伤；一种是电击。电伤是指电流对人体外部造成的局部伤害，它是由于电流的热效应、化学效应、机械效应及电流本身的作用，使熔化和蒸发的金属微粒侵入人体，皮肤局部受到灼伤、烙伤和皮肤金属化的损伤，严重的也能致人死命。电击是指电流通过人体，使内部组织受到损伤，这种伤害会造成全身发热、发麻、肌肉抽搐、神经麻痹、会引起室颤、昏迷，以致呼吸窒息，心脏停止跳动而死亡。

（1）触电形式

为预防触电事故的发生，下面分析几种常见的触电形式和人体对电流的反应，从而明确电流对人体的严重危害。触电形式有以下四种。

① 单相触电。人体的一部分在接触一根带电相线（火线）的同时，另一部分又与大地（或零线）接触，电流从相线流经人体到地（或零线）形成回路，称为单相触电。在触电事故中，发生单相触电的情况很多，如检修带电线路和设备时，不作好防护或接触漏电的电器设备外壳及绝缘损伤的导线都会造成单相触电。

② 两相触电。两相触电是指人体的不同部位同时接触两根带电相线时的触电。这时不管电网中心是否接地，人体都在电压作用下触电，因电压高，危险性很大。

③ 跨步电压触电。电器设备发生对地短路或电力线断落接地时都会在导线周围地面形成一个强电场，其电位分布是电位从接地点向外扩散，逐步降低，当有人跨入这个区域时，分开的两脚间有电位差，电流从一只脚流进，从另一只脚流出而造成触电，叫跨步电压触电。

④ 悬浮电路上的触电。市电通过有初、次级线圈互相绝缘的变压器后，从次级输出的电压零线不接地，相对于大地处于悬浮状态，若人站在地面上接触其中一根带电线，一般没有触电感觉。但在大量的电子设备中，如收、扩音机等，它是以金属底板或印刷电路板作公共接“地”端，如果操作者身体的一部分接触底板（接“地”点），另一部分接触高电位端，就会造成触电。所以在这种情况下，一般都要求单手操作。

（2）人体对电流的反应

人体对电流的反应是非常敏感的。触电时电流对人体的伤害程度与下列因素有关：

① 人体电阻。人体电阻不是常数，在不同情况下，电阻值差异很大，通常在10 ~ 100kΩ之间。人体电阻越小，触电时通过的电流越大，受伤越严重。人体各部分的电阻也是不同的，其中皮肤角质层的电阻最大，而脂肪、骨骼、神经较小，肌肉电阻最小。一个人如果角质损坏时，他的人体电阻可降至0.8 ~ 1kΩ。在这种情况下接触带电体，最容易带来生命危险。人体电阻是变化的，皮肤越薄、越潮湿，电阻越小；皮肤接触带电体面积越大，靠得越紧，电阻越小。若通过人体的电流越大，电压越高，使用时间越长，电阻也越小[1]。人体电阻还受身体健康状况和精神状态的影响。如体质虚弱、情绪激动、醉酒等，容易出汗，使人体电阻急剧下降，所以在这几种情况下也不宜从事电气操作。

② 不同强度的电流对人体的伤害。大量的实践告诉我们，人体上通过1mA工频交流电或5mA直流电时，就有麻、痛的感觉。但10mA左右自己尚能摆脱电源。超过50mA就很危险了。若有100mA的电流通过人体，则会造成呼吸窒息，心脏停止跳动，直至死亡。

③ 不同电压的电流对人体的伤害。人体接触的电压越高，通过人体电流越大，对人体伤害越严重。在触电的实际统计中，有70%以上是在220V或380V交流电压下触电死亡的。以触电者人体电阻为1kΩ计，在220V电压下通过人体的电流有220mA，能迅速将人致死。人们通过大量实践发现，36V以下电压，对人体没有严重威胁，所以把36V以下的电压规定为安全电压。

④ 不同频率的电流对人体的伤害。实验证明，直流电对血液有分解作用；

高频电流不仅不危险，还可用于医疗。即触电危险性随频率的增高而减少，40 ~ 60Hz交流电最危险。

⑤ 电流的作用时间与人体受伤的关系。电流作用于人体的时间越长，人体电阻越小，则通过人体的电流越大，对人体的伤害就越严重。如工频50mA交流电，如果作用时间不长，还不至于死亡；若持续数10s，必然引起心脏室颤，心脏停止跳动而致死。

⑥ 电流通过的不同途径对人体的伤害。电流通过头部使人昏迷；通过脊髓可能导致肢体瘫痪；若通过心脏、呼吸系统和中枢神经，可导致精神失常、心跳停止、血循环中断。可见，电流通过心脏和呼吸系统，最容易导致触电死亡。

2.1.2 触电急救措施

触电事故在极短暂的时间内，就会酿成严重的后果，所以发生触电事故，必须施行抢救。据有关资料记载，触电后1min内开始抢救的，90%有救活的可能；触电后6min才救治的，仅有10%的生机；如果在触电后12min才救治的，则救活率就很少了。所以对触电者及时抢救非常重要。救治的方法如下。

（1）脱离电源

如果附近有配电箱、闸刀等，应该立即断开电源。如果身边有带绝缘柄的工具（如钢丝钳等），可将电线截断。或带上绝缘手套或用干燥的木棍或竹竿，将触电者身上的电线挑开。千万注意，不可直接用手去拉触电者，也不可用金属或潮湿的东西去挑电线。否则，非但没有使触电者摆脱电源，反而使救护者自己也变成触电者。如果触电者是在高空作业时触电，断电时要防止触电者摔伤。

（2）现场救治

当触电者脱离电源以后，如果神志清醒，呼吸正常，皮肤也未灼伤，只需安排其到空气清新的地方休息，令其平躺，不要行走，防止突然惊厥狂奔，体力衰竭而死亡。如果触电者神志不清，呼吸困难或停止，必须立即把他移到附近空气清新的地方，及时进行人工呼吸，并请医务人员前来抢救。如果心脏停止跳动，则需立即进行胸外挤压法抢救，并在送往医院途中不间断抢救。如果触电极严重，心跳呼吸全无，这就需要用人工呼吸法和胸外挤压法同时或交替抢救。

① 人工呼吸法：使触电者平躺仰卧，头后仰，使其舌根不堵住气流，捏住鼻子吹进一口气，然后松开鼻子，使之慢慢恢复呼吸，每分钟约12次。此法效果很好。

② 胸外挤压法：救护者双手相叠，握掌放在比心窝稍高一点的地方（即两乳头之间略下一点），掌根向下压3 ~ 4cm，每分钟压60次左右。挤压后掌根迅速放松，让触电者胸廓自行复原，以利血液充满心脏，恢复心脏正常跳动。

③ 对儿童可用一手轻轻挤压，但次数可快到每分钟100次左右。

注意：对触电者实施抢救，有时往往需要较长时间，所以必须耐心，不间断地抢救；急救中严禁用不科学的方法，如用木板压，摇抖身体，掐人中，用水泼，盲目打强心针等错误方法，因为这样只会使奄奄一息或处于假死状态的触电者，呼吸更加困难，体温加速下降，从而加速其死亡。

2.1.3　安全用电常识

① 接线端或裸导线是否带电的鉴定。任何情况下，均不能用手来鉴定接线端或裸导线是否带电。如需了解线路是否有电，应使用完好的验电笔或电工仪表。

② 如何更换保险丝。在更换保险丝时，应先切断电源，切勿带电操作。如果确需带电作业，则需采取安全措施，例如：站在橡胶板上或穿好绝缘鞋，戴好绝缘手套，而且操作时要有专人在场监护。

③ 带电接头的处理。拆开的或断裂的暴露在外部的带电接头，必须及时用绝缘胶布包好，并悬挂到人身不会碰到的高度，以防人体触及。

④ 使用36V以上照明灯要注意。不得把36V以上的照明灯作为安全行灯来使用。

⑤ 数人作业时须知。遇有数人进行电气作业时，应于接通电源前告知全体人员。

⑥ 确保使用家用电气设备的人身安全。如电风扇的底盘、风罩、电视机的天线、电冰箱的门拉手、洗衣机外壳等，都是随时可能与人体接触的，而且这些家用电器都是使用单相交流电，为了消除不安全因素，应使用三孔形带接地线的插座、插头。或者对它们的外壳采取安全措施，即通常说的接地与接零保护，以保护人体安全。

2.1.4　实验室常见用电错误及注意事项

实验室中常用电器如烘箱、恒温水箱、离心机、电炉等，在使用这些电器时应严防触电，绝不可用湿手或在眼睛旁视时开关电闸和电器开关。用试电笔检查电器设备是否漏电，凡是漏电的仪器，一律不能使用。

① 使用烘箱和高温炉时，须确认自动控温装置可靠，同时还需人工定时监测温度，以免温度过高。不得把含有大量易燃易爆溶剂的物品送入烘箱和高温炉中加热。

② 变压器及加热设备电线接头裸露，冒火花。电源线接头应用绝缘胶布包住；禁止用湿手接触带电开关；禁止用湿、带油污或有机溶剂的手拔、插电源插头。

③ 液体进入吹风机机壳内。在使用吹风机吹干玻璃仪器时，需注意不要让液体滴入吹风机；吹风机不宜离瓶口太近。

④ 旋转蒸发仪、电炉、高压灭菌锅等用电设备在使用中，应有人看守，以防所旋蒸的物料爆沸冲料；断电时防止水泵中的水倒吸。

⑤ 使用机械搅拌器和恒温磁力搅拌器时，关闭仪器时需将转速调至零后再关闭电源，防止下次操作时搅拌桨快速搅拌，使溶剂溅出，还可能打断水银温度计；油浴加热时，温度传感器一定要置于控温体系中，防止无限制的加热引起危险。

2.1.5　实验室用电安全措施

① 经常检测电器外壳是否带电。用测电笔检测时先要确认测电笔是好的，因为测电笔氖管损坏时，就会将有电误判为无电。

② 电器设备应可靠的接地，以便电器设备发生碰壳接地时漏电保护器能迅速切除，同时也是预防剩余电荷触电、感应电压触电、静电触电的好方法。

③ 电器在使用时，人员不能离开电器并注意电器运行状况，一旦有异常声响、气味、打火、冒烟等现象出现时，就要立即关机停止使用，待查明原因、排除故障后再继续使用。

④ 进实验室要穿绝缘鞋，电器的周围要铺绝缘垫，特别是经常使用的或容易漏电的电器要铺绝缘垫，以防止触电。

⑤ 电器使用完毕要随手切断电源，拔下电源插头，禁止用拉导线的方法拔下电源插头。

⑥ 搬动或维修电器时一定要先拔掉电源插头后，方可进行。

⑦ 做好电器设备的超前维修工作。要定期检修电器设备，从中发现问题及时处理，把一切事故隐患消灭在萌芽状态。

⑧ 教育学生养成不用手掌摸电器的好习惯，更不能用湿手去接触电器、电线。平时要注意用电器防潮、防霉、防热、防尘，尤其是暑假后一定要在使用前对各类电器作检查和干燥处理。

⑨ 实验室要配置不导电的灭火剂，如喷粉灭火机使用的二氧化碳、四氯化碳或干粉灭火剂等，以防带电灭火时触电。在学生出入拥挤的楼道及有险情的地方要安装应急灯[2]。

2.2　实验室用水安全

2.2.1　实验室用水分类

我国把实验室用水分为下列三级[3]。我们通常应使用三级水即可。

① 三级水用于一般化学分析实验，可用蒸馏或离子交换等方法制取；

② 二级水用于分析实验室用水 GB/T 6682 二级水应用；食品微生物学检验 GB 4789 的应用；缓冲液、微生物培养、滴定实验、水质分析实验、化学合成、组织培养、动物饮用水、颗粒分析用水以及紫外光谱分析；可通过多次蒸馏或离子交换制得；

③ 一级水用于仪器分析实验：液相色谱 / 质谱、原子吸收、ICP/MS、离子色谱；生命科学实验：细胞培养、流式细胞仪、分子生物学实验用水等。

实验中的用水，由于实验目的不同对水质各有一定的要求，如冷凝作用、仪器的洗涤、溶液的配制以及大量的化学反应和分析及生物组织培养，对水质的要求都有所不同。因此需要把水提纯，纯水常用蒸馏法、离子交换法、反渗透法、电渗析法等方法获得。了解实验室用水安全，首先要清楚实验室用水的种类，用蒸馏方制得的纯水叫做蒸馏水，用离子交换法等制得的纯水叫去离子水。

① 自来水。自来水是实验室用得最多的水，一般器皿的清洗、真空泵中用水、冷却水等都是用自来水。如果使用不当，就会造成麻烦，比如与电接触。针对上行水和下行水出现的故障，比如水龙头或水管漏水、下水道排水不畅时，应及时修理和疏通；冷却水的输水管必须使用橡胶管，不得使用乳胶管，上水管与水龙头的连接处及上水管、下水管与仪器或冷凝管的连接处必须用管箍夹紧，下水管必须插入水池的下水管中。

② 蒸馏水。实验室最常用的一种纯水，虽设备便宜，但极其耗能和费水且速度慢，应用会逐渐减少。蒸馏水能去除自来水内大部分的污染物，但挥发性的杂质无法去除，如二氧化碳、氨、二氧化硅以及一些有机物。新鲜的蒸馏水是无菌的，但储存后细菌易繁殖；此外，储存的容器也很讲究，若是非惰性的物质，离子和容器的塑形物质会析出造成二次污染。

③ 去离子水。应用离子交换树脂去除水中的阴离子和阳离子，但水中仍然存在可溶性的有机物，可以污染离子交换柱从而降低其功效，去离子水存放后也容易引起细菌的繁殖。

④ 反渗水。其生成的原理是水分子在压力的作用下，通过反渗透膜成为纯水，水中的杂质被反渗透膜截留排出。反渗水克服了蒸馏水和去离子水的许多缺点，利用反渗透技术可以有效去除水中的溶解盐、胶体，细菌、病毒、细菌内毒素和大部分有机物等杂质，但不同厂家生产的反渗透膜对反渗水的质量影响很大。

⑤ 超纯水。其标准是水电阻率为 18.2MΩ · cm。但超纯水在 TOC（总有机碳）、细菌、内毒素等指标方面并不相同，要根据实验的要求来确定，如细胞培养则对细菌和内毒素有要求，而 HPLC 则要求 TOC 低。

2.2.2　实验室中用水注意事项

① 实验室的上、下水道必须保持通畅。应让师生员工了解实验楼自来水总闸的位置，当发生水患时，立即关闭总阀。

② 实验室要杜绝自来水龙头打开而无人监管的现象，要定期检查上下水管路、化学冷却冷凝系统的橡胶管等，避免发生因管路老化等情况所造成的漏水事故。

③ 冬季做好水管的保暖和放空工作，防止水管受冻爆裂。

2.3　实验室用气安全

在实验室一般使用气体钢瓶直接获得各种气体。气体钢瓶是储存压缩气体的特制的耐压钢瓶。使用时，通过减压阀（气压表）有控制地放出气体。由于钢瓶的内压很大（有的高达 15MPa），而且有些气体易燃或有毒，所以在使用钢瓶时要注意安全。

2.3.1　常用气体的常识和安全知识

（1）高压气体的种类

① 压缩气体：氧、氢、氮、氩、氦、氨等。

② 溶解气体：乙炔（溶于丙酮中，加有活性炭）。

③ 液化气体：二氧化碳、一氧化氮、丙烷、石油气等。

④ 低温液化气体：液态氧，液态氮，液态氩等。

（2）高压气的性质

① 乙炔：无色，无嗅（不纯净时，因混有 H_2S、PH_3 等杂质，具有大蒜臭）。比空气轻，易燃，易爆，禁止接触火源，呼吸有麻醉作用。

② 一氧化二氮（N_2O）：又称笑气，无色，带芳香甜味，比空气重，助燃，有麻醉性。

③ 氧：无色，无嗅，比空气略重，助燃，助呼吸，阀门及管道禁油。

④ 氢：无色，无嗅，比空气轻，易燃，易爆，禁止接触火源。

⑤ 氨：无色，有刺激性气味，比空气轻，易液化，极易溶于水。

⑥ 氩：无色、无嗅的惰性气体，对人体无直接危害，但在高浓度时有窒息作用。

⑦ 氦：无色、无嗅，不可燃气体，在空气中不会发生爆炸和燃烧，但在高浓度时有窒息作用。

⑧ 氮：无色、无嗅，比空气稍轻，难溶于水。

（3）高压气体的容器与色标

① 氧、氢、氩、一氧化二氮应用有机无缝钢制造钢瓶。乙炔、丙烷可用一般焊接钢制造的钢瓶。

② 各类高压容器必须附有证明书，此证书应随高压容器作为技术档案保存。

③ 在钢瓶肩部，用钢印打出下述标记：制造厂、制造日期、气瓶型号、工作压力、气压试验压力、气压试验日期及下次送验日期、气体容积、气瓶重量。

④ 为了避免各种钢瓶使用时发生混淆，常将钢瓶上漆上不同颜色，写明瓶内气体名称；

⑤ 应经常检验（如三年一次），在钢瓶上刻有试验日前，有问题的应及时更换。

我国常用高压气瓶颜色标志分类如表 2-1 和表 2-2 所列。

表 2-1　常用高压气瓶颜色标志分类

充装气体类别		气瓶涂膜配色类型		
		瓶色	字色	环色
烃类	烷烃	棕	白	淡黄
	烯烃		淡黄	白
稀有气体类		银灰	深绿	
氟氯烷类		铝白	可燃气体：大红 不燃气体：黑	深绿
剧毒类		白		
其他气体		银灰		无机气体：深绿 有机气体：淡黄

表 2-2　具体气体一览表[4]（GB 7144—1999 气瓶颜色标志）

序号	充装气体名称	化学式	瓶色	字样	字色	色环
1	乙炔	CH ═ CH	白	乙炔不可近火	大红	
2	氢	H_2	淡绿	氢	大红	P=20MPa，淡黄色单环 P=30MPa，淡黄色双环
3	氧	O_2	淡蓝	氧	黑	P=20MPa，白色单环 P=30MPa，白色双环
4	氮	N_2	黑	氮	淡黄	
5	空气		黑	空气	白	
6	二氧化碳	CO_2	铝白	液化二氧化碳	黑	P=20MPa，黑色单环

续表

序号	充装气体名称	化学式	瓶色	字样	字色	色环
7	氨	NH_3	淡黄	液氨	黑	
8	氯	Cl_2	深绿	液氯	白	
9	氟	F_2	白	氟	黑	
10	一氧化氮	NO	白	一氧化氮	黑	
11	二氧化氮	NO_2	白	液化二氧化氮	黑	
12	碳酰氯	$COCl_2$	白	液化光气	黑	
13	砷化氢	AsH_3	白	液化砷化氢	大红	
14	磷化氢	PH_3	白	液化磷化氢	大红	
15	乙硼烷	B_2H_6	白	液化乙硼烷	大红	
16	四氟甲烷	CF_4	铝白	氟氯烷 14	黑	
17	二氟二氯甲烷	CCl_2F_2	铝白	液化氟氯烷 12	黑	
18	二氟溴氯甲烷	$CBrClF_2$	铝白	液化氟氯烷 12B1	黑	
19	三氟氯甲烷	$CClF_3$	铝白	液化氟氯烷 13	黑	P=12.5MPa，深绿色单环
20	三氟溴甲烷	$CBrF_3$	铝白	液化氟氯烷 13B1	黑	
21	六氟乙烷	CF_3CF_3	铝白	液化氟氯烷 116	黑	
22	一氟二氯甲烷	$CHCl_2F$	铝白	液化氟氯烷 21	黑	
23	二氟氯甲烷	$CHClF_2$	铝白	液化氟氯烷 22	黑	
24	三氟甲烷	CHF_3	铝白	液化氟氯烷 23	黑	
25	四氟二氯乙烷	$CClF_2—CClF_2$	铝白	液化氟氯烷 114	黑	
26	五氟氯乙烷	$CF_3—ClCF_2$	铝白	液化氟氯烷 115	黑	
27	三氟氯乙烷	$CH_2Cl—CF_3$	铝白	液化氟氯烷 133a	黑	
28	八氟环丁烷	$(CF_2)_4$	铝白	液化氟氯烷 C318	黑	
29	二氟氯乙烷	CH_3CClF_2	铝白	液化氟氯烷 142b	大红	
30	1,1,1- 三氟乙烷	CH_3CF_3	铝白	液化氟氯烷 143a	大红	
31	1,1- 二氟乙烷	CH_3CHF_2	铝白	液化氟氯烷 152a	大红	
32	甲烷	CH_4	棕	甲烷	白	P=20MPa，淡黄色单环 P=30MPa，淡黄色双环
33	天然气		棕	天然气	白	

续表

序号	充装气体名称	化学式	瓶色	字样	字色	色环
34	乙烷	CH_3CH_3	棕	液化乙烷	白	*P*=15MPa，淡黄色单环 *P*=20MPa，淡黄色双环
35	丙烷	$CH_3CH_2CH_3$	棕	液化丙烷	白	
36	环丙烷	$(CH_2)_3$	棕	液化环丙烷	白	
37	丁烷	$CH_3CH_2CH_2CH_3$	棕	液化丁烷	白	
38	异丁烷	$(CH_3)_3CH$	棕	液化异丁烷	白	
39	工业用液化石油气		棕	液化石油气	白	
40	民用液化石油气		银灰	液化石油气	大红	
41	乙烯	$CH_2{=}CH_2$	棕	液化乙烯	淡黄	*P*=15MPa，白色单环 *P*=20MPa，白色双环
42	丙烯	$CH_3CH{=}CH_2$	棕	液化丙烯	淡黄	
43	1-丁烯	$CH_3CH_2CH{=}CH_2$	棕	液化丁烯	淡黄	
44	2-丁烯（顺）	H_3C H_3C	棕	液化顺丁烯	淡黄	
45	2-丁烯（反）	H_3C CH_3	棕	液化反丁烯	淡黄	
46	异丁烯	$(CH_3)_2C{=}CH_2$	棕	液化异丁烯	淡黄	
47	1,3-丁二烯	$CH_2{=}(CH)_2{=}CH_2$	棕	液化丁二烯	淡黄	
48	氩	Ar	银灰	氩	深绿	*P*=20MPa，白色单环 *P*=30MPa，白色双环
49	氦	He	银灰	氦	深绿	
50	氖	Ne	银灰	氖	深绿	
51	氪	Kr	银灰	氪	深绿	
52	氙	Xe	银灰	氙	深绿	
53	三氟化硼	BF_3	银灰	氟化硼	黑	
54	一氧化二氮	N_2O	银灰	液化笑气	黑	*P*=15MPa，深绿色单环
55	六氟化硫	SF_6	银灰	液化六氟化硫	黑	*P*=12.5MPa，深绿色单环

续表

序号	充装气体名称	化学式	瓶色	字样	字色	色环
56	二氧化硫	SO_2	银灰	液化二氧化硫	黑	
57	三氯化硼	BCl_3	银灰	液化氯化硼	黑	
58	氟化氢	HF	银灰	液化氟化氢	黑	
59	氯化氢	HCl	银灰	液化氯化氢	黑	
60	溴化氢	HBr	银灰	液化溴化氢	黑	
61	六氟丙烯	$CF_3CF{=}CF_2$	银灰	液化全氟丙烯	黑	
62	硫酰氟	SO_2F_2	银灰	液化硫酰氟	黑	
63	氘	D_2	银灰	氘	大红	
64	一氧化碳	CO	银灰	一氧化碳	大红	
65	氟乙烯	$CH_2{=}CHF$	银灰	液化氟乙烯	大红	*P*=12.5MPa，淡黄色单环
66	1,1- 二氟乙烯	$CH_2{=}CF_2$	银灰	液化偏二氟乙烯	大红	
67	甲硅烷	SiH_4	银灰	液化甲硅烷	大红	
68	氯甲烷	CH_3Cl	银灰	液化氯甲烷	大红	
69	溴甲烷	CH_3Br	银灰	液化溴甲烷	大红	
70	氯乙烷	C_2H_5Cl	银灰	液化氯乙烷	大红	
71	氯乙烯	$CH_2{=}CHCl$	银灰	液化氯乙烯	大红	
72	三氟氯乙烯	$CF_2{=}CClF$	银灰	液化三氟氯乙烯	大红	
73	溴乙烯	$CH_2{=}CHBr$	银灰	液化溴乙烯	大红	
74	甲胺	CH_3NH_2	银灰	液化甲胺	大红	
75	二甲胺	$(CH_3)_2NH$	银灰	液化二甲胺	大红	
76	三甲胺	$(CH_3)_3N$	银灰	液化三甲胺	大红	
77	乙胺	$C_2H_5NH_2$	银灰	液化乙胺	大红	
78	二甲醚	CH_3OCH_3	银灰	液化甲醚	大红	
79	甲基乙烯基醚	$CH_2{=}CHOCH_3$	银灰	液化乙烯基甲醚	大红	
80	环氧乙烷	O H_2C-CH_2	银灰	液化环氧乙烷	大红	
81	甲硫醇	CH_3SH	银灰	液化甲硫醇	大红	
82	硫化氢	H_2S	银灰	液化硫化氢	大红	

注：1. 色环栏内的 *P* 是气瓶的公称工作压力，MPa。

2. 序号 39，民用液化石油气瓶上的字样应排成两行。“家用燃料”居中的下方为（LPG）。

（4）几种特殊气体的性质和安全

① 乙炔。是极易燃烧、容易爆炸的气体。电石制的乙炔因混有硫化氢、磷化氢或砷化氢而带有特殊的臭味。其熔点为 –84℃、沸点 –80.8℃，闪电为 –17.78℃，自燃点为 305℃。在空气中的爆炸极限（体积分数）为 2.3% ~ 72.3%。在液态和固态下或在气态和一定压力下有猛烈爆炸的危险，受热、震动、电火花等因素都可以引发爆炸。含有 7% ~ 13% 乙炔的乙炔 – 空气混合气，或含有 30% 乙炔的乙炔 – 氧气混合气最易发生爆炸。乙炔与氯、次氯酸盐等强氧化性化合物混合也会发生燃烧和爆炸。

注意事项：

a．乙炔气瓶在使用、运输、贮存时，环境温度不得超过 40℃；

b．乙炔瓶的漆色必须保持完好，不得任意涂改；

c．乙炔气瓶在使用时必须装设专用减压器、回火防止器，工作前必须检查是否好用，否则禁止使用，开启时，操作者应站在阀门的侧后方，动作要轻缓；

d．使用压力不超过 0.05MPa，输气流不应超过 1.5 ~ 2.0m^3/h；

e．使用时要注意固定，防止倾倒，严禁卧倒使用，对已卧倒的乙炔瓶，不准直接开气使用，使用前必须先立牢静止 15min 后，再接减压器使用，否则危险。禁止敲击、碰撞等粗暴行为；

f．存放乙炔气瓶的地方，要求通风良好。使用时应装上回闪阻止器，还要注意防止气体回缩。如发现乙炔气瓶有发热现象，说明乙炔已发生分解，应立即关闭气阀，并用水冷却瓶体，同时最好将气瓶移至远离人员的安全处加以妥善处理。发生乙炔燃烧时，绝对禁止用四氯化碳灭火。

泄露应急处理：迅速撤离泄露污染区人员至上风处，并进行隔离，严格限制出入，切断火源。建议应急处理人员戴自给正压式呼吸器，穿防静电工作服。尽可能切断泄露源。合理通风，加速扩散。喷雾状水稀释、溶解。构筑围堤或挖坑以收容产生的大量废水。如有可能，将漏出气用排风机送至空旷地带或装设适当喷头烧掉。漏气容器要妥善处理，修复、检验后再用。

② 氢气。密度小，易泄漏，扩散速度很快，易和其它气体混合。氢气与空气混合气的爆炸极限：空气中含量为 18.3% ~ 59.0%（体积比），此时，极易引起自燃自爆，燃烧速度约为 2.7 m/s。

注意事项：

a．室内必须通风良好，保证空气中氢气最高含量不超过体积比的 1%。室内换气次数每小时不得少于 3 次，局部通风每小时换气次数不得少于 7 次；

b．与明火或普通电器设备间距不应小于 10 m，工具要用无火花工具，能够防止静电积累并有良好静电导除措施，着装要以不产生静电为原则。现场应配备足够的消防器材；

c. 氢气瓶与盛有易燃、易爆物质及氧化性气体的容器和气瓶间距不应小于 8 m，最好放置在室外专用的小屋内，旋紧气瓶开关阀，以确保安全；

d. 禁止敲击、碰撞，不得靠近热源；

e. 必须使用专用的氢气减压阀，开启气瓶时，操作者应站在阀口的侧后方，动作要轻缓；

f. 阀门或减压阀泄露时，不得继续使用；阀门损坏时，严禁在瓶内有压力的情况下更换阀门；

g. 瓶内气体严禁用尽，应保留 2MPa 以上的余压。

③ 氧气。是强烈的助燃烧气体，高温下，纯氧十分活泼；温度不变而压力增加时，可以和油类发生急剧的化学反应，并引起发热自燃，进而产生强烈爆炸。

氧气瓶一定要防止与油类接触，并绝对避免让其它可燃性气体混入氧气瓶；禁止用（或误用）盛其它可燃性气体的气瓶来充灌氧气。氧气瓶禁止放于阳光曝晒的地方。

④ 氧化亚氮（笑气）。具有麻醉兴奋作用，受热时可分解成为氧和氮的混合物，如遇可燃性气体即可与此混合物中的氧化合燃烧。

（5）气体检漏方法

① 感官法：即采取耳听鼻嗅的方法。如听到钢瓶有“嘶嘶”的声音或者嗅到有强烈刺激性臭味或异味，即可定为漏气。这种方法很简便，但有局限性，对剧毒性气体和某些易燃气体不适合。

② 涂抹法：把肥皂水抹在气瓶检漏处，若有气泡产生，则能判定为漏气。此法使用较普遍、准确，但注意对氧气瓶检漏时则严禁使用，以防肥皂水中的油脂与氧接触发生剧烈的氧化。

③ 气球膨胀法：用软胶管套在气瓶的出气口上，另一端连接气球。如气球膨胀，则说明有漏气现象。此法最适用于剧毒气体和易燃气体检漏。

④ 化学法：该方法的原理是将事先准备好的某些化学药品与检漏点处的气体接触，如发生化学反应，并出现某种外观特征，则断定为漏气。如检查液氨钢瓶，则可用湿润的石蕊试纸接近气瓶漏气点，若试纸由红色变成蓝色，则说明漏气。此法仅用于某些剧毒气体检漏。

⑤ 气体报警装置：气瓶集中存放能减少空间、成本，可以在实验室的角落安装一个气体泄漏报警 / 易燃气体探头，如果气瓶房气体发生泄漏的话，感应探头会即刻将信号传至中心实验室的液晶显示瓶上，并发出预警的声音，这样就可以随时维修。另外还可以安装低压报警，这样能知道气体是否快要用尽，气瓶压力是否足够，这对实验室实现不间断气体供应是很重要的。

2.3.2 钢瓶使用的注意事项

① 在搬动存放气瓶时，应装上防震垫圈，旋紧安全帽，以保护开关阀，防止其意外转动和减少碰撞。搬运充装有气体的气瓶时，最好用特制的担架或小推车，也可以用手平抬或垂直转动。但绝不允许用手执着开关阀移动。

② 钢瓶应存放在阴凉、干燥、远离热源（如阳光、暖气、炉火）处。高压气体容器最好存放在室外，并防止太阳直射。可燃性气体钢瓶必须与氧气钢瓶分开存放。互相接触后可引起燃烧、爆炸气体的气瓶（如氢气瓶和氧气瓶），不能同存一处，也不能与其它易燃易爆物品混合存放。钢瓶直立放置时要固定稳妥；气瓶要远离热源，避免曝晒和强烈振动；一般实验室内存放气瓶量不得超过两瓶。

③ 绝不可使油或其他易燃性有机物沾在气瓶上（特别是气门嘴和减压阀）。也不得用棉、麻等物堵漏，以防燃烧引起事故。

④ 使用钢瓶中的气体时，要用减压阀（气压表）。减压阀（气压表）中易燃气体一般是左旋开启，其他为右旋开启。各种气体的减压阀（气压表）、导管不得混用，以防爆炸。不可将钢瓶内的气体全部用完，一定要保留 0.05MPa 以上的残留压力（减压阀表压）。可燃性气体如 C_2H_2 应剩余 0.2 ~ 0.3MPa（约 2 ~ 3kg/cm^2 表压）。乙炔压力低于 0.5MPa 时，就应更换，否则钢瓶中丙酮会沿管路流进火焰，致使火焰不稳，噪声加大，并造成乙炔管路污染堵塞。H_2 应保留 2MPa，以防重新充气时发生危险，不可用完用尽。

⑤ 乙炔管道禁止用紫铜材料制作，否则会形成乙炔铜，乙炔铜是一种引爆剂。

⑥ 开、关减压器和开关阀时，动作必须缓慢；使用时应先旋动开关阀，后开减压器；用完，先关闭开关阀，放尽余气后，再关减压器。切不可只关减压器，不关开关阀。开瓶时阀门不要充分打开，乙炔瓶旋开不应超过 1.5 转，要防止丙酮流出。

⑦ 使用高压气瓶时，操作人员应站在与气瓶接口处垂直的位置上。操作时严禁敲打撞击，并经常检查有无漏气，应注意压力表读数。

⑧ 氧气瓶或氢气瓶等，应配备专用工具，并严禁与油类接触。操作人员不能穿戴沾有各种油脂或易产生静电的服装手套操作，以免引起燃烧或爆炸。可燃性气体和助燃气体气瓶，与明火的距离应大于 10m（确难达到时，可采取隔离等措施）。

⑨ 为了避免各种气瓶混淆而用错气体，通常在气瓶外面涂以特定的颜色以便区别，并在瓶上写明瓶内气体的名称。

⑩ 各种气瓶必须定期进行技术检查。充装一般气体的气瓶三年检验一次；如在使用中发现有严重腐蚀或严重损伤的，应提前进行检验。气瓶瓶体有缺陷、安

全附件不全或已损坏，不能保证安全使用的，切不可再送去充装气体，应送交有关单位检查合格后方可使用。

2.3.3　气瓶危险性警示标签

根据 GB 16804—2011，警示标签由面签和底签两个部分组成[5]。

（1）面签

面签上印有图形符号，用来表示瓶装气体的危险特性。当瓶装气体同时具有两种或三种危险特性时应使用两个或三个面签。当使用两个或三个面签时，次要危险特性警示面签应放在主要危险特性警示面签的右边或上边。面签的基本排列见图 2-1，也可采用其他类似的排列，但应注意将主要危险特性面签粘贴在次要危险特性面签的上面。标签应采用在运输、储存及使用条件下耐用的不干胶纸印刷。面签的形状为菱形，其尺寸及形状见表 2-3 和表 2-4。

表 2-3　面签的参数

气瓶外径（D）/mm	面签边长（a）/mm
$D<75$	10
$75 \leqslant D<180$	15
$D \geqslant 180$	25

表 2-4　瓶装气体危险特性警示标志

气体特性	危险性说明	底色	面签
易燃	易燃气体	红	易燃气体
永久或液化气体，不易燃，无毒		绿	
氧化性	氧化剂	黄	氧化剂
毒性	有毒气体	白	有毒气体
腐蚀性	腐蚀性气体	标签上半部为白色，下半部为黑色	CORROSIVE 腐蚀性

（2）底签

底签上印有瓶装气体的名称及化学分子式等文字，并在其上粘贴面签。面签和底签可整体印刷，也可分别制作，然后贴在气瓶上。

底签的尺寸应根据面签的数量、大小及底签上文字的多少来确定。其长度方向最大尺寸可根据需要，按面签边长的倍数选择 5*a*、6*a* 或 7*a*；底签的基本形状如图 2–1 所示，也可制作成矩形或曲边矩形。

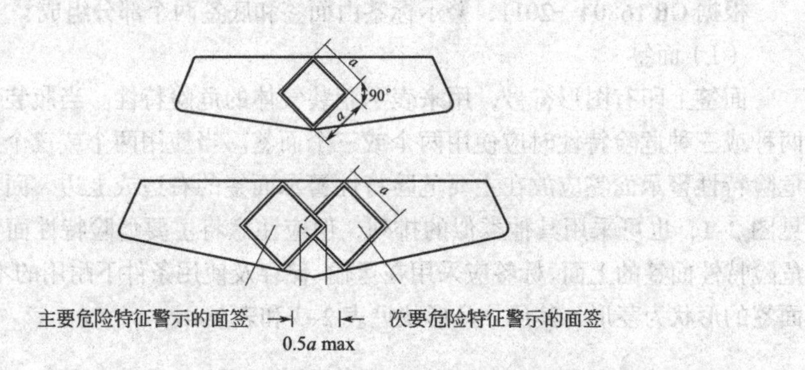

图 2–1　面签和底签的形状、尺寸及位置

底签的颜色为白色，将表 2–4 中所规定的符号、颜色及文字印在面签上。文字和符号的尺寸应使其在面签上可容易地识别和辨认。面签上的符号为黑色，文字为黑色印刷体；但对腐蚀性气体，其文字说明“腐蚀性”应以白色字印在面签的黑底上。每个面签上有一条黑色边线，该线画在边缘内侧，距边缘 0.05*a*。底签上文字的大小应在底签上易于识别和辨认，字色为黑色。

底签上至少应有下列内容：①对单一气体，应有化学名称及分子式；②对混合气体，应有导致危险性的主要成分的化学名称及分子式。如果主要成分的化学名称或分子式已被标识在气瓶的其他地方，也可只在底签上印上通用术语或商品名称；③气瓶及瓶内充装的气体在运输、储存及使用上应遵守的其他说明及警示；④气瓶充装单位的名称、地址、邮政编码、电话号码。几种警示标签的示例如图 2–2

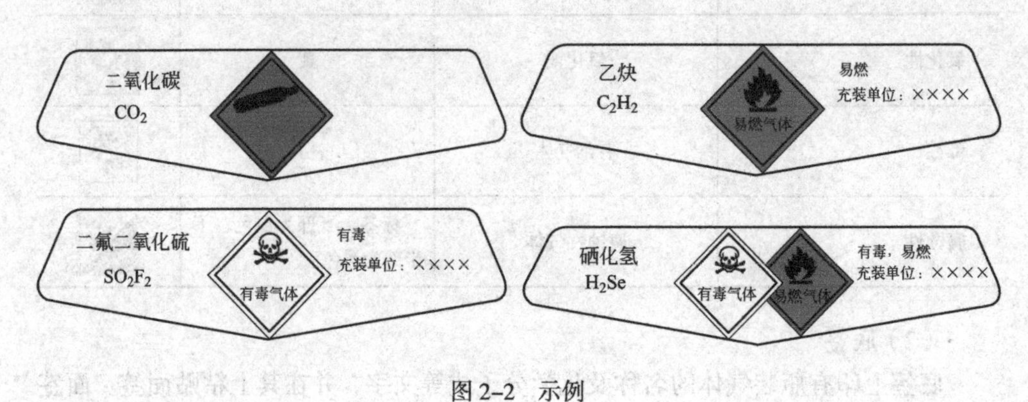

图 2–2　示例

所示。

（3）警示标签的应用

① 标签的粘贴和更换必须由气瓶充装单位进行。每只气瓶第一次充装时即应粘贴标签。如发现标签脱落、撕裂、污损、字迹模糊不清时，充装单位应及时补贴或更换标签。

② 标签应被牢固地粘贴在气瓶上，且应避免被气瓶上的任何部件或其他标签所遮盖。标签不应被折叠，面签和底签不可分开粘贴。对采用集束方式使用的气瓶及采用木箱运输的小型气瓶，除按上述规定在气瓶上粘贴标签外，还应以类似的方式将标签粘贴在包装箱的外部或将其粘贴在一个有一定强度的板上，然后将该板牢固地拴在箱上。在气瓶的整个使用期内标签应保持完好无损、清晰可见。

③ 标签应优先粘贴在瓶肩处，但不可覆盖任何钢印标志。也可将其粘贴在从瓶底至瓶阀或瓶帽大约2/3处。

④ 更换新标签前，应将旧标签完全揭去。

2.4　实验室用火安全

2.4.1　实验室引起火灾的原因

（1）易燃易爆危险品引起火灾

在化学实验中，各种化学危险物品使用极为普遍，种类繁多。这些物品性质活泼，稳定性差，有的易燃，有的易爆，有的自燃，有的性质抵触，相互接触即能发生着火或爆炸，在储存和使用中，稍有不慎，就可能酿成火灾事故。

（2）明火加热设备引起火灾

实验室里常使用煤气灯、酒精灯或酒精喷灯、电烘箱、电炉、电烙铁等加热设备和器具，增大了实验室的火灾危险性。煤气灯加热过程中，若煤气漏气，易与空气形成爆炸性混合物。酒精则易挥发、易燃，其蒸气在空气中能爆炸。电烘箱若运行时间长，易出现控制系统故障，发热量增多，温度升高，造成被烘烤物质或烘箱附近可燃物自燃。例如，某学院因用电烘箱时停电，没有切断电源，来电后烘箱连续通电达数小时无人管理，加之控温设备失灵，烘燃了烘箱附近的可燃物质造成一场重大火灾事故。加热电炉的火灾原因在于：被加热物料外溢的可燃蒸气接触热电阻丝；或容器破裂后可燃物落在电阻丝上；或绝缘破坏、受潮后线路短路或接点接触不良，产生电火花，引起可燃物着火。其中高温电炉的热源极易引燃周围的可燃物。

（3）违反操作规程引起火灾

化学实验室经常进行的蒸馏、回流、萃取、重结晶、化学反应等典型操作，都以危险性大为重要特点。若操作者没有经验，工作前没准备，操作不熟练或违反操作规则，不听劝阻或未经批准擅自操作等，均易诱发火灾爆炸事故。据100起实验室火灾事故的调查结果表明：电气设备引起火灾占21%；易燃溶剂使用不当占20%；各种爆炸事件引起火灾占13%；易燃气体或自燃所致的各占7%与6%。其中71%的事故是由实验室工作人员工作不慎、操作失误所致；56%的起火发生在下午6时至清晨6时；89%的事故是由于没有必要的灭火器具，无法及时扑灭火源，从而酿成重大灾情的[6]。

（4）电气火花

短路、过载、接触不良是产生电气火花的主要原因。

① 电气设备、电气线路必须保证绝缘良好，特别是防止生产场所高温管道烫伤电缆绝缘外层，防止发生短路；电缆线应穿管保护防止破损；生产现场电器检修时应断开电源，防止发生短路。

② 合理配置负载，禁止乱接、乱拉电源线。保持机械设备润滑、消除运转故障，防止电机过载现象发生。

③ 经常检查导线连接、开关、触点，发现松动、发热应及时紧固或修理。

④ 使用易燃溶剂的场所应按照危险特性使用防爆电器（含仪表），防爆电器应符合规定级别，防爆电器安装应符合要求。有时防爆电器密封件松动、绝缘层腐蚀或破损等，仍存在不易被发现的电气火花，这常常是有机溶剂、可燃气体火灾、爆炸事故的明火原因。

（5）静电火花

当电阻率较高的有机溶剂在流动中与器壁发生摩擦或溶剂的各流动层之间相互摩擦，由于存在电子得失产生静电积聚，当积聚的电量形成一定的高压时就放电产生火花。有机溶剂输送流动中流速过快可能产生静电积聚和高压放电；反应设备内部有机溶剂及物料搅拌转速过快过激烈易产生静电积聚和高压放电；有机溶剂与有机绝缘材质的管道、容器、设备之间特别容易发生静电积聚和高压放电；有机溶剂进料时从上口进入容器设备冲击容器底部或液面时很容易发生静电积聚和高压放电；含有机溶剂的物料采用化纤材料过滤时施压过大易发生静电积聚和高压放电；皮带传动设备的皮带上容易发生静电积聚和高压放电；离心机刹车制动过猛可能发生静电积聚和高压放电；作业人员穿化纤、羊毛、丝绸类服装容易发生静电积聚和高压放电。

预防静电的措施如下。

① 首先是尽可能选择不易产生静电的溶剂，从源头上解决问题。

② 也可以采用增加溶剂的含水量或增添抗静电添加剂如无机盐表面活性剂等方法，使溶剂的电阻率降低到 $10^6 \sim 10^8\Omega \cdot cm$ 以下，有利于将产生的静电导出。

③ 采用静电接地的方法是化工生产普遍采用的重要防静电措施。所有金属设备、容器、管道、构架都可以通过静电接地措施及时消除带电导体表面的静电积聚，但是对非导电体是无效的。

④ 在容易引起火灾、爆炸的危险场所，人体产生的静电不可忽视。操作者工作时不应穿化纤服装、毛衣和丝绸，应穿防静电工作服、帽子、手套和工作鞋，工作场所也不能穿脱衣物。场所应设人体接地棒，工作前应赤手接触人体接地棒以导出人体静电。人体在行动中产生的静电需要通过场所地面导出的，因此场所地面应具有一定的导电性或洒水使地面湿润增加导电性。作业场所一般不能做成环氧树脂地面，如防腐需要则应添加导电物质成分。

化学实验室经常处理具有潜在危险的物质，化学试验中的有机溶剂几乎都是易燃易爆物质。在实验室的多发事故中，火灾的发生率最高。因此，实验室必须采取必要的防火安全措施，以防止火灾的发生。

2.4.2　一级试剂的管理

一级试剂是指闪点不大于25℃的试剂，如醚、苯、甲醇、丙酮、石油醚、乙酸乙酯等（闪点是指可燃液体的蒸汽与空气形成混合物后和火焰接触时闪火的最低温度。）实验室的火焰口装置应远离一级试剂，若实验室中存有较大量上述试剂时，应贴有“严禁火种”“严禁吸烟”等醒目标志。放置这类物品的房间内不能有煤气灯、酒精灯及有电火花产生的任何电气设备，室内应有通风装置。使用一级试剂或进行产生有毒有害气体的实验时，应远离火源，应在通风橱内进行，通风橱应由防火阻燃材料制成。储存一级试剂时，必须将容器口密封，置阴凉通风处保存。

2.4.3　危险品库的管理

实验操作室内仅能存放少量实验需要的试剂或有机溶剂，不可贮存大量的化学危险品，化学危险品应存放在危险品库内。危险品库内不准进行实验工作，不得穿带钉子的鞋入内。危险品库应由专人保管，保管人员须经常检查在库危险品储存情况，发现泄漏及时处理。库内严禁吸烟，禁止明火照明。废旧包装不得在库内存放。搬运危险品时严禁滚动、撞击。

2.4.4　实验过程中的防火安全

实验室内必须避免产生电火花。所有电气开关，电插座等必须密封，使电火花与外部空气隔绝。冰箱内不准存放无盖的试剂。实验室内严禁吸烟。自燃物质应存放在防火、防爆贮存室内。日光能直射进房间的实验室必须备有窗帘，日光能照射的区域内不放置加热时易挥发、燃烧的一切物质。

2.4.5 消防设施管理

灭火器等消防设施应存放在实验室门口附近，便于取用。实验室内应备有紧急淋浴装置、救火用的石棉毯子等设施。实验室所有人员应掌握各种消防设施的使用方法、发生火灾时的应急措施、实验室紧急出口等。

2.4.6 实验室灭火法

实验中一旦发生了火灾切不可惊慌失措，应保持镇静。首先立即切断室内一切火源和电源，然后根据具体情况积极正确地进行抢救和灭火。常用的方法有：

① 在可燃液体燃着时，应立刻拿开着火区域内的一切可燃物质，关闭通风器，防止扩大燃烧。若着火面积较小，可用石棉布、湿布、铁片或沙土覆盖，隔绝空气使之熄灭。但覆盖时要轻，避免碰坏或打翻盛有易燃溶剂的玻璃器皿，导致更多的溶剂流出而再着火。

② 酒精及其它可溶于水的液体着火时，可用水灭火。

③ 汽油、乙醚、甲苯等有机溶剂着火时，应用石棉布或土扑灭。绝对不能用水，否则会扩大燃烧面积。

④ 金属钠着火时，可用砂子扑灭。

⑤ 导线着火时不能用水及二氧化碳灭火器，应切断电源或用四氯化碳灭火器。

⑥ 衣服被烧着时切不要奔走，可用衣服、大衣等包裹身体或躺在地上滚动，以灭火。

⑦ 发生火灾时注意保护现场。较大的着火事故应立即报警。

2.4.7 灭火器及其适用范围

常用灭火器组成和使用范围总结如表 2-5 所列。

表 2-5 灭火器的种类及其适用范围

名称	成分	适用范围
泡沫灭火器	$Al_2(SO_4)_3$ 和 $NaHCO_3$	用于一般失火及油类着火，因为泡沫能导电，所以不能用于扑灭电器设备着火
四氯化碳灭火器	液态 CCl_4	用于电器设备及汽油、丙酮等火灾。四氯化碳在高温下生成剧毒的光气，不能在狭小和通风不良的实验室使用。注意四氯化碳与金属钠接触会发生爆炸

续表

名称	成分	适用范围
1211 灭火器	CF_2ClBr 液化气体	用于油类、有机溶剂、精密仪器、高压电气设备
二氧化碳灭火器	液态 CO_2	用于电器设备失火、忌水物质及有机物着火
干粉灭火器	$NaHCO_3$ 等盐类与适宜的润滑剂	用于油类、电器设备、可燃气体及遇水燃烧等物质着火

2.5　实验室试剂及使用管理

2.5.1　实验室药品试剂管理普遍存在的问题

① 无试剂专库。试剂储藏室与实验准备在同一房间内，致使室内空气的相对湿度过大，药品试剂易变质失效。

② 保管环境不良。缺乏良好的通风设备，既影响药品试剂的质量，也影响工作人员的身体健康。

③ 无清库制度。某些试剂库存时间过长、库存过多，造成浪费。

④ 缺乏规范分类知识与措施。药品试剂分类不科学，使用不方便。

⑤ 环保意识差。过期药品试剂不经过无害处理就随意丢弃。

2.5.2　实验室药品贮存管理

化学试剂和药品是实验室必备的物品，如果保存管理不当就会对人类健康造成威胁，妥善管理这些物品以规范实验室化学品的管理，需做到以下几点。

（1）化学试剂、药品的贮存

① 化学药品贮存室应符合有关安全规定，有防火、防爆等安全措施，室内应干燥、通风良好，温度一般不超过 28℃，照明应是防爆型。

② 化学药品贮存室应由专人保管，并有严格的账目和管理制度。

③ 室内应备有消防器材；各储存柜应装有排气装置。

④ 化学药品应按类存放，特别是化学危险品按其特性单独存放。

⑤ 库房底层地面应为水泥或枕木地板，以利防潮；顶层板面须设隔热装置；堆放的试剂与墙四周要有通风道或设置墙距，屋顶距堆垛试剂的距离要远。

（2）化学试液的管理

① 装有试液的试剂瓶应放在药品柜内，放在架上的试剂和溶液要避光、避热。

② 试液瓶附近勿放置发热设备如电炉等。

③ 试液瓶内液面上的内壁凝聚水珠的，使用前要震摇均匀。

④ 每次取用试液后要随手盖好瓶塞，切不可长时间让瓶口敞开。

⑤ 吸取试液的吸管应预先清洗干净并晾干。同时取用相同容器盛装的几种试液防止瓶塞盖错造成交叉污染。

⑥ 已经变质、污染或失效的试液应该随即倒掉，重新配制。

（3）危险品安全保管

① 实验用化学危险药品必须储存在专用室或柜内，不得和普通试剂混存或随意乱放。还要按各自的危险特性，分别存放。

② 化学危险药品室、柜，必须有专人管理。管理人员要有高度的责任感，懂得各种化学药品的危险特性，具有一定的防护知识。

③ 化学危险品室要配备相应的消防设施，如灭火器等，专管人员要定期检查。

④ 定期对化学危险品的包装、标签、状态进行认真检查，并核对库存量，务使账物一致。

⑤ 对实验中有危险药品的遗弃废液、废渣要及时收集，妥善处理，不得在实验室存留，更不得随意倒在下水道。

⑥ 危险试剂的管理和使用方面如出现问题，除采取措施迅速排除外，必须及时向领导如实报告，不得隐瞒。

2.5.3 实验室应实施七项管理原则

实验室应实施的七项管理原则为：专人专库专柜原则；分类保管原则；先出先用原则；定期查、报原则；出入库登记原则；危险品“五双管”原则；注意环保原则。

（1）专人、专库、专柜管理原则

设定具有相应专业水平、管理水平和高度责任心的专职管理人员，从事药品试剂的保管工作，管理人员必须熟悉药品试剂的性能、用途、保存期、贮存条件等。设立独立、朝北的房间作为储藏室。挂窗帘，避免阳光直射（室温过高易导致试剂分解失效）。室内安装通风换气设备，不设水池，以保证室内空气干燥。将试剂柜架制成阶梯状，并从上到下依次编序。试剂柜安装有色玻璃。特殊试剂的试剂柜，应选用耐腐蚀或具有屏蔽作用材料做成的各小柜的组合体，各小柜之间密封性要好，有利于特殊试剂的隔离存放。

（2）分类保管的原则

合理的系统分类，是良好的规范化管理的必要保证。将所有试剂分类依其名称、规格、厂家、批号、包装、储存量以及储存位置一一登记造册、编号，并建立查找方式。药品柜贴上本柜贮存的药品目录，方便取用。试剂一般分类、存放方法总结如表 2–6 和表 2–7 所列。

表 2–6　试剂的分类和存放

分类		存放、排列方法
无机物	盐及氧化物：钠盐、钾盐、钙盐等	一般按元素周期表排列
	碱类：氢氧化钠、氢氧化钾等	
	酸类：硫酸、盐酸、硝酸等	
有机物	烃类、醇类、酚类、醛类、酮类等	按官能团分类排列
	酸碱指示剂、氧化还原类指示剂、络合滴定指示剂、荧光指示剂、染料等	依序摆放
	有机试剂	按测定对象或官能团分类
	生物染色素	按红橙黄绿青蓝紫顺序摆放

液体试剂盒固体试剂应分柜存放；强酸与强碱、氨水分开存放；过氧化氢及过氧化物应存放在阴凉的地方；液体试剂多是具有强氧化性或强腐蚀性、易燃的危险品，应严格按照危险品储存与管理规定执行。

表 2–7　常见危险品分类及保存条件要求

分类	常见品种	保存条件要求
易燃易爆品	苯、乙醚、氯酸钾、苦味酸、乙酸丙酯、硝化甘油、丙酮等	远离热源、氧化剂及氧化性酸类，室温不得超过 28℃，将试剂柜铺上干燥的黄沙
剧毒化学品	氰化物、碘甲烷、硫酸二甲酯、铊、硫酸三乙基锡等	严格遵守《五双管理制度》[7]
强腐蚀剂	硝酸、硫酸、盐酸、氢氧化钠、二乙醇胺、酚类、五氧化二磷等	贮存容器按不同腐蚀性合理选用；存入用耐腐蚀材料制成的试剂柜；遇水易分解的副食品包装必须严密，并存储在干燥的储藏室内；酸类应与氰化物、遇水燃烧品、氧化剂等远离
放射性物品	夜光粉、铈钠复盐、发光剂、医用同位素 P–32、硝酸钍等	储藏室应平坦；存入用具有屏蔽作用材料制成的试剂柜；远离其它危险品；包装不得破损、不得有放射性污染；存过放射性物品的地方应在专业人员的监督指导下进行彻底的清洁，否则不得存放其它物品

其中，针对化学品的详细分类和管理可参照国家安监总局等多部门联合颁发的《危险化学品名录（2015 版）》，和早期颁布的《剧毒化学品名录（2012 版）》。

（3）先出先用原则

根据出厂日期和保质期，先出厂的或保质期快到的药品、试剂应先用，以免过期失效，造成浪费。

（4）定期查、报原则

查看储藏室内试剂保存环境的条件是否合格，如有变化，立刻采取措施；查看试剂的瓶签，如被腐蚀，应立即重新补写，写明试剂名称、规格、分子式、分子量等，不可只写名称；查包装，如有破损，立即采取弥补措施；查试剂质量，如有失效，应立刻清理出柜；查库存量，决定采购与否。

（5）出入库登记原则

设立试剂入账本和出账本，做好领用登记。

（6）危险品“五双管”原则

双人保管；双人收发；双人领料；双本账；双锁。

（7）注意环保原则

管理人员应具有强烈的环保意识以及相应的环保知识，对失效、变质的试剂应集中存放，小心保管，尽快由专业人员或在专业人员指导下进行无害处理，切不可将未经处理的药品试剂，随意丢入垃圾箱或冲入下水道，避免造成对环境的污染或意外事故的发生。

2.5.4 化学试剂的取用

（1）固体试剂的取用

固体粉末或小颗粒药品的取用可使用药匙，取用块状药品应用镊子；若需取用定量药品，须在天平上称量且应把药品置于纸上，易潮解或具有腐蚀性的药品要放在表面皿或玻璃容器内称量；取用药品应按量取用，若多了则不能倒回原瓶，应另装指定容器备作他用，以免污染整瓶药品；药品取出后应立即盖上瓶塞。

另外，在向试管内加药品时，应把药品放在对折的纸片上，再将纸片放入试管的2/3处，方可倒入药品；当加入块状固体时，应把试管倾斜，让药品沿管壁慢慢流入，以免打破管底。

（2）液体试剂的取用

应采用倾注法，即先将瓶盖取下，反放在实验台上；再左手持容器，右手拿试剂瓶贴标签的一侧，慢慢倾斜试剂瓶，让试剂溶液沿试管壁或玻棒注入所需的容量，随即将试剂瓶口在容器口上靠一下，再立起试剂瓶，以免残留瓶口的液滴流到瓶的外壁上；在用滴瓶取用药品时，要使用滴瓶配套的滴管，用后放回原试剂瓶中。

（3）部分特殊试剂的保管与取用

① 黄磷应浸于水中密闭保存，用镊子夹取后宜用小刀分切。

② 钠、钾浸入无水煤油保存，宜用小刀分切。

③ 汞应低温密闭保存，宜用滴管吸取。若撒落桌面，可用硫黄粉覆盖。

④ 溴水应低温密闭保存，宜用移液管吸取，以防中毒与灼燃。

⑤ 过氧化氢、硝酸银、碘化钾、浓硝酸、苯酚等应装在棕色瓶中，避光保存。

2.5.5　化学试剂存储期间的检查

在存储期间，试剂受自身的化学成分、结构特点及日光、空气、温（湿）度、周围环境等因素的影响，往往发生质量变化。为保证试剂储存期间的质量与安全，实验教师要熟悉试剂的化学成分、结构和理化性质，掌握试剂存储的规律，并采取科学的存储手段。

试剂在存储时要定期检查，如对试剂外包装是否完好，标签有无脱落，试剂是否变质，存储室的室温、湿度的变化等应及时加以核验，并采取积极的补救措施，切实提高管理质量。

2.5.6　有机类试剂管理和使用方法

有机试剂是一类重要的化学试剂，由于其种类多，分类复杂，所以这里专门讨论一下有机试剂的管理。

（1）有机溶剂存在的潜在危险

① 大多为易燃物质，遇引火源容易发生火灾；

② 大多具有较低的闪点和极低的引燃能量，在常温或较低的操作温度条件下也极易被点燃；

③ 大多具有较宽的爆炸极限范围，与空气混合后很容易发生火灾、爆炸；

④ 大多具有较低的沸点，因此具有较强的挥发性，易散发可燃性气体，形成燃烧、爆炸的基本条件；

⑤ 大多具有较低的介电常数或较高的电阻率，这些溶剂在流动中容易产生静电积聚，当静电荷积聚到一定的程度则会产生放电、发火，引发火灾、爆炸；

⑥ 大多对人体具有较高的毒害性，当发生泄漏、流失或火灾爆炸扩散后还会导致严重中毒事故；

⑦ 少数溶剂如乙醚、异丙醇、四氢呋喃、二氧六环等，在保存中接触空气会生成过氧化物，在使用过程中升温时会自行发生爆炸。

（2）有机溶剂使用过程中的主要安全对策措施

① 科学优化实验流程。在试验阶段，必须考虑对溶剂安全性进行选择和优化实验。尽可能选用不燃或不易燃的有机溶剂代替易燃溶剂；尽可能选用高沸点溶

剂代替低沸点溶剂；尽可能选用电阻率较小的溶剂代替电阻率大的溶剂；尽可能选用无毒或毒性较小的溶剂代替剧毒或毒性较大的溶剂；最大限度地降低易燃溶剂使用量。通过前期安全试验工作，从本质上消除或降低溶剂的危险、危害性。

② 加强通风换气。为保证易燃、易爆、有毒溶剂泄漏的气体在实验环境中不超过爆炸、中毒的危险浓度，整个实验尽量在通风橱中进行。

③ 惰性气体保护。由于大多数可燃有机溶剂的沸点较低，常温或反应温度条件下都有较大的挥发性，与空气混合容易形成爆炸性混合物并达到爆炸极限。因此，向储存容器和反应装置中持续地充入惰性气体（氮气、氩气、二氧化碳、水蒸气等），可以降低容器和装置内氧气的含量，避免达到爆炸极限，消除爆炸的危险。当有机溶剂发生火灾事故时也可用惰性气体进行隔离、灭火。

④ 消除、控制引火源。为了防止火灾和爆炸，消除、控制引火源是切断燃烧三要素的一个重要措施。引火源主要有明火、高温表面、摩擦和撞击、电气火花、静电火花和化学反应放热等。当易燃溶剂使用中存在上述引火源时会引燃溶剂形成火灾、爆炸。因此，必须特别注意消除和控制可能产生引火源的情况。

⑤ 配备灭火器材。配备足够的灭火器材，可应对突发的火警事件，将事故消灭在萌芽状态。针对有机溶剂来说，水及酸碱式灭火器通常是不适用的，干粉灭火器、泡沫灭火器、二氧化碳灭火器能够适应有机溶剂的灭火。

⑥ 及早发现、防止蔓延。为了及时掌握险情，防止事故扩大，对使用、储存易燃有机溶剂的场所应在危险部位设置可燃气体检测报警装置、火灾检测报警装置、高低液位检测报警装置、压力和温度超限报警装置等。通过声、光、色报警信号警告操作人员及时采取措施，及时消除隐患。

2.5.7 生物化学实验中常用有毒物质

（1）溴化乙锭

“DNA 的琼脂糖凝胶电泳”是生物化学实验中的基础型实验。“质粒 DNA 的分离、纯化和鉴定”属综合性实验。上述实验均涉及 DNA 的提纯及鉴定，实验中会使用高度灵敏的荧光染色剂溴化乙锭（Ethidium bromide，EB）对 DNA 进行染色，化学结构如图 2-3 所示。EB 是强诱变剂，具有高致癌性，会在 60 ~ 70℃蒸发，所以在实验中要特别注意其安全使用，严禁随便丢弃。在实验中使用及实验结束后处理应注意以下事项。

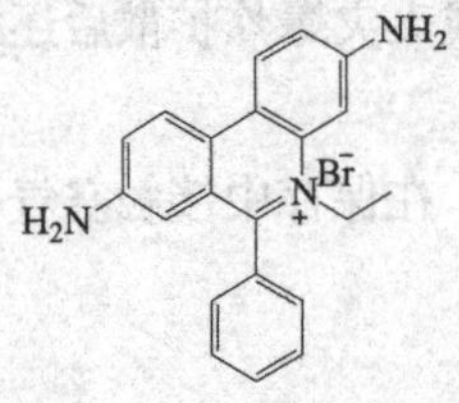

图 2-3 溴化乙锭（Ethidium bromide，EB）化学结构

① 使用中的注意事项。实验室涉及 EB 的操作应统一固定在实验室的某一角落，称量固体时要戴面罩

和手套，使用含有 EB 的溶液务必戴上手套。同时要告诉学生不要在胶太热的时候加 EB，以防止因蒸发被吸入。接触到 EB 的玻璃器皿应集中放置并专门使用，污染到 EB 的枪头、抹布、手套及 EB 染色跑完的胶，应回收至棕色的玻璃瓶中，定期进行焚烧处理。桌面或物体表面污染到 EB 时，可用活性炭进行处理。

② 废 EB 溶液处理。EB 浓溶液（浓度大于 0.5mg/mL）的净化处理。

先将 EB 溶液用水稀释至浓度低于 0.5mg/mL，加入 1 倍体积的 5% 次高锰酸钾，小心混匀后再加 1 倍体积的 2.5moL/L 盐酸。小心混匀，于室温放置数小时；加入 l 倍体积的 2.5moL/L 氢氧化钠，小心混匀后可丢弃该溶液，统一处理。

EB 稀溶液（浓度小于 0.5mg/mL）的净化处理按 1mg/mL 的量加入活性炭，不时轻摇混匀，室温放置 1h；用 whatman 1 号滤纸过滤溶液，丢弃滤液并将活性炭与滤纸密封后丢弃，统一处理。

③ EB 替代试剂。现在已有替代 EB 的核酸染料，如 sYBR Green 核酸染料 "1，它耐高温，可以在化胶时加入；Gold-ViewTM 核酸染料使用方法与 EB 完全相同，在紫外透射光下双链 DNA 呈现绿色荧光，而单链 DNA 呈红色荧光。这些新型核酸染料虽然比 EB 毒性低，但价格高，灵敏度目前比不上 EB，有条件的实验室可以考虑替代 EB 使用。

（2）聚丙烯酰胺凝胶电泳与有毒、有害物质

聚丙烯酰胺凝胶电泳在生物化学实验中是常用的实验手段，涉及蛋白质分离纯化及鉴定、蛋白质分子量及等电点测定的实验都会使用到该电泳方法，如“聚丙烯酰胺凝胶电泳分离蛋白质”、“SDS- 聚丙烯酰胺凝胶电泳法测定蛋白质的相对分子量”、“聚丙烯酰胺凝胶等电聚焦法测定蛋白质等电点”等常开设的基础实验。在聚丙烯酰胺凝胶制备过程中用到以下有毒、有害物质。

① 丙烯酰胺。化学结构如图 2-4 所示，具有很强的神经毒性，同时还有生殖、发育毒性。神经毒性作用表现为周围神经退行性变化和脑中涉及学习、记忆和其他认知功能部位的退行性变化。实验还显示丙烯酰胺是一种可能致癌物。丙烯酰胺可通过皮肤吸收及呼吸道进入人体，且累积毒性，不容易排毒。因此，称量固体丙烯酰胺粉末和处理它们的溶液时必须戴手套和口罩。当丙烯酰胺聚合为聚丙烯酰胺凝胶时则为无毒的，但操作时仍要小心，凝胶内可能有少量未聚合的丙烯酰胺。

② 亚甲基双丙烯酰胺。是丙烯酰胺形成凝胶的交联剂，化学结构如图 2-4 所示，因有取代基丙烯酰胺，因此具有一定的毒性，能轻微刺激眼睛、皮肤和黏膜。称量固体粉末和处理它们的溶液时需戴手套和口罩，应避免与人

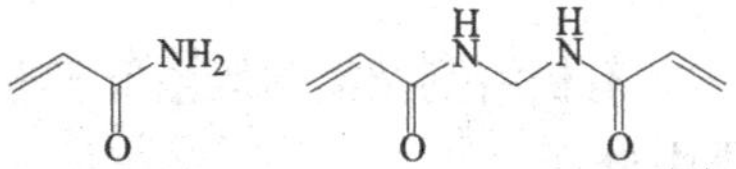

图 2-4　丙烯酰胺（左）和亚甲基双丙烯酰胺化学结构（右）

体长时间直接接触，误碰触时应用清水洗净。

③ 四甲基乙二胺（简称 TEMED）。是形成凝胶反应所用的加速剂，也具有强神经毒性，应防止误吸，操作时快速，存放时密封。

④ 过硫酸铵。是丙烯酰胺与亚甲基双丙烯酰胺进行化学聚合的引发剂，对黏膜和上呼吸道组织、眼睛和皮肤有极大危害性。吸入可致命。操作时需戴合适的手套、安全眼镜和面罩，始终在通风橱里操作，操作完后彻底洗手。

⑤ 十二烷基硫酸钠（SDS）。是一种阴离子表面活性剂，与蛋白形成复合物，用于测定蛋白质分子量。SDS 有毒，是一种刺激物，能对眼睛造成严重损伤，可因吸入、咽下或皮肤吸收而损害健康。称量及配溶液时不要吸人其粉末，需戴合适的手套、面罩和护目镜。

⑥ 巯基乙醇。它在测定蛋白质分子量时用于处理样品，吸入、摄入或经皮肤吸收后会中毒。其中毒表现有紫绀、呕吐、震颤、头痛、惊厥、昏迷，甚至死亡；对眼、皮肤有强烈刺激性；对环境有危害；对水体可造成污染。应在通风橱里操作，佩戴面罩，戴乳胶手套。

（3）RNA 提取与有毒、有害溶剂

“动物肝脏 RNA 的制备和纯度测定”是生物化学实验课中必开的基础实验，RNA 的提取过程需要用到溶剂去除蛋白质，这些溶剂对人体具有一定的毒性。

① 氯仿。它对皮肤、眼睛、黏膜和呼吸道有刺激作用，是一种致癌剂，可损害肝和肾。它也易挥发，应避免吸入挥发的气体；操作时需戴合适的手套和安全眼镜并始终在化学通风橱里进行。

② 异戊醇。它被吸入、口服或经皮肤吸收有麻醉作用。其蒸气或雾对眼睛、皮肤、黏膜和呼吸道有刺激作用，可引起神经系统功能紊乱，长时间接触有麻醉作用。操作时应戴合适的手套和安全眼镜并始终在化学通风橱里进行。

③ 含水酚液。它含有苯酚，对皮肤、黏膜有强烈的腐蚀作用，可抑制中枢神经或损害肝、肾功能。吸入高浓度苯酚蒸气可致头痛、头晕、乏力、视物模糊、肺水肿等疾病。其慢性中毒可引起头痛、头晕、咳嗽、恶心、呕吐。称量苯酚时应佩戴防尘口罩，操作溶液时戴合适的手套和安全眼镜，并始终在化学通风橱里进行。它一旦接触皮肤，立即用大量流动清水冲洗，至少 15min。实验结束后产生的含酚废液可加入次氯酸钠或漂白粉煮一下，使酚分解为二氧化碳和水再进行排放。

有机溶剂及实验废液等实验完成后应倒入盛放废液的容器中，然后统一回收，集中处理。

（4）其它有毒、有害物质

“氨基酸的分离与鉴定”也是生物化学的基础实验，茚三酮是氨基酸的显色剂，一般是配成溶液在喷雾器中喷雾使用。茚三酮，化学结构如图 2–5 所示，经消化道摄入和吸入都有害，对眼、呼吸系统和皮肤有刺激作用；皮肤反复接触能引起皮肤过敏。使用中应避免吸入雾滴或蒸气；避免与眼接触；使用橡胶或塑料手套、面罩以及护目镜。生物化学实验中除上述有毒、有害物质外，还有一些物质也有一定的毒性，在使用中注意防护，如在蛋白质染色过程中用到的考马斯亮蓝，脂肪提取中用到的乙醚，鸡卵黏蛋白分离中使用的三氯乙酸等。

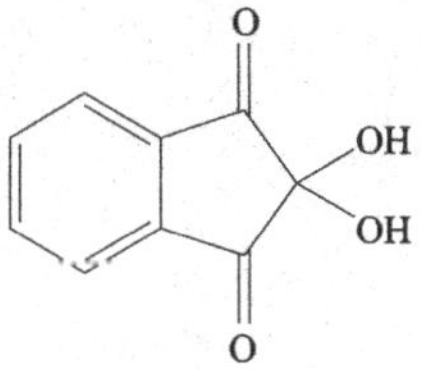

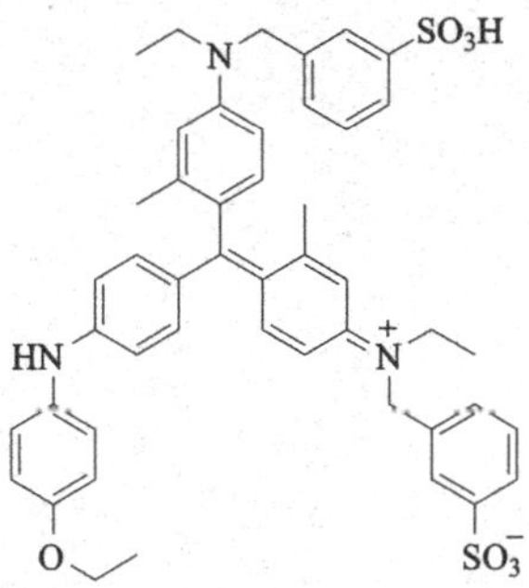

图 2–5　茚三酮（左）和考马斯亮蓝（右）

参考文献

［1］ GB/T 13870.1—2008，电流通过人体的效应［S］.

［2］ 林智泉 . 高校实验室用电安全［J］. 海峡科学，2010（7）：45–48.

［3］ GB/T 6682—2008，分析实验室用水国家标准［S］.

［4］ GB/T 7144—1999，气瓶颜色标志［S］.

［5］ GB 16804—2011，气瓶标识［S］.

［6］ 孟昭宁 . 化学实验室的防火安全［J］. 安全，2005，26（4）：30–32.

［7］ 中华人民共和国教育部，教育部办公厅关于进一步加强高等学校实验室危险化学品安全管理工作的通知［Z］. 2013–05–10.

第3章

实验室基本操作及安全防范

3.1 化学类实验操作技术

3.1.1 化学实验基本操作介绍

3.1.1.1 实验方案设计中的安全防范

（1）实验方案应注意的问题

① 明确实验目的和原理，因为它们决定了实验仪器和试剂的选择、操作步骤，明确了目的和原理就可以居高临下，统观全局。

② 注意排除实验中的干扰因素。不论是制备实验、性质实验还是定量实验都会有干扰因素，因此要设计合理的方案排除干扰，以保证达到实验目的。

③ 审题时，要注意选择、利用题目中提供的信息。

④ 设计方案要前后联系，彼此呼应，防止出现片面性，造成失误。

（2）实验方案的评价

① 科学性：实验原理、操作程序和方法是否正确。

② 安全性：用药及操作是否安全，环境保护问题是否得到解决。

③ 可行性：是否满足中学现有的实验条件。

④ 简约性：装置要尽量简单、步骤要尽量少、药品用量要尽量少、时间要尽量短。

⑤ 环保性：有毒有害物质是否经过处理。

⑥ 经济性：原料用量要尽量少，价格要尽量便宜。

化学实验设计是一个系统问题，应该首先知道实验设计的目的、题型和要具备的知识方法；其次，复习时要求动手写（写方案、写步骤、写现象、写原因、写结论等）、重点做（做系列实验）、仔细观察（观察现象）、学会表述（说现象、说原理）；三是要有几份配套练习题，通过训练，理论联系实际，在实验操作中来加强对实验理论的理解，同时又用实验理论知识来指导自己的实验设计，在复习中将两者有机地结合起来，扎扎实实搞好实验设计。

（3）化学实验设计的内容

一个相对完整的化学实验方案一般包括：实验目的；实验原理；实验用品（药品、仪器、装置、设备）及规格；实验装置图、实验步骤和操作方法；注意事项；实验现象及结论记录表。

（4）化学实验设计的一般思路

① 围绕主要问题思考。例如：选择适当的实验路线、方法；所用药品、仪器简单易得；实验过程快速、安全；实验现象明显。

② 思考有关物质的制备、净化、吸收和存放等有关问题。例如：制取在空气中易水解的物质（如 Al_2S_3、$AlCl_3$、Mg_3N_2 等）及易受潮的物质时，往往在装置末端再接一个干燥装置，以防止空气中水蒸气进入。

③ 思考实验的种类及如何合理地组装仪器，并将实验与课本实验比较、联系。例如，涉及气体的制取和处理，对这类实验的操作程序及装置的连接顺序大体可概括为：发生→除杂质→干燥→主体实验→尾气处理。

（5）仪器连接的顺序

① 所用仪器是否恰当，所给仪器是全用还是选用。

② 仪器是否齐全。例如，制有毒气体及涉及有毒气体的实验应有尾气的吸收装置。

③ 安装顺序是否合理。例如：是否遵循“自下而上，从左到右”；气体净化装置中不应先经干燥，后又经过水溶液洗气。

④ 仪器间连接顺序是否正确。例如：洗气时“进气管长，出气管短”；干燥管除杂质时“大进小出”等。

（6）实验操作的顺序

① 连接仪器。按气体发生→除杂质→干燥→主体实验→尾气处理顺序连接好实验仪器。

② 检查气密性。在整套仪器连接完毕后，应先检查装置的气密性，然后装入药品。检查气密性的方法要依装置而定。

③ 装药品进行实验操作。

（7）设计时，应全方位思考的问题

① 检查气体的纯度，点燃或加热通有可燃性气体（H_2、CO、CH_4、C_2H_4、C_2H_2 等）

的装置前，必须检查气体的纯度。例如，用H_2、CO等气体还原金属氧化物时，需要加热金属氧化物，在操作中，不能先加热，后通气，应当先通入气体，将装置内的空气排干净后，检查气体是否纯净（验纯），待气体纯净后，再点燃酒精灯加热金属氧化物。

② 加热操作先后顺序的选择。若气体发生需加热，应先用酒精灯加热发生气体的装置，等产生气体后，再给实验需要加热的固体物质加热。目的是：一则防止爆炸（如氢气还原氧化铜）；二则保证产品纯度，防止反应物或生成物与空气中其它物质反应。例如，用浓硫酸和甲酸共热产生CO，再用CO还原Fe_2O_3，实验时应首先点燃CO发生装置的酒精灯，生成的CO赶走空气后，再点燃加热Fe_2O_3的酒精灯，而熄灭酒精灯的顺序则相反，原因是：在还原性气体中冷却Fe可防止灼热的Fe再被空气中的O_2氧化，并防止石灰水倒吸。

③ 冷凝回流的问题。有的为了避免易挥发的液体反应物损耗和充分利用原料，要在发生装置设计冷凝回流装置。如在发生装置安装长玻璃管等。

④ 冷却问题。有的实验为防止气体冷凝不充分而受损失，需用冷凝管或用冷水或冰水冷凝气体（物质蒸气），使物质蒸气冷凝为液态便于收集。

⑤ 防止倒吸问题。

⑥ 具有特殊作用的实验改进装置。如为防止分液漏斗中的液体不能顺利流出，用橡皮管连接成连通装置；为防止气体从长颈漏斗中逸出，可在发生装置中的漏斗末端套住一只小试管等。

⑦ 拆卸时的安全性和科学性。实验仪器的拆卸要注意安全和科学性，有些实验为防止“爆炸”或“氧化”，应考虑停止加热或停止通气的顺序，如对有尾气吸收装置的实验，必须将尾气导管提出液面后才熄灭酒精灯，以免造成溶液倒吸；用氢气还原氧化铜的实验应先熄灭加热氧化铜的酒精灯，同时继续通氢气，待加热区冷却后才停止通氢气，这是为了避免空气倒吸入加热区使铜氧化，或形成可爆气；拆卸用排水法收集需加热制取气体的装置时，需先把导管从水槽中取出，才能熄灭酒精灯，以防止水倒吸；拆后的仪器要清洗、干燥、归位。

3.1.1.2　常见仪器及使用过程中的注意事项

（1）计量仪器

① 量筒。量取液体时，要选择合适规格的量筒，量取液体体积与量筒规格相差越大，准确度越小；量筒应放在水平桌面上，读数时，视线、刻度线和凹液面最低处保持水平。量筒的刻度（毫升数）自下而上增大，没有“0”刻度。读数保留小数点后1位，如8.2mL。

注意事项：用于量度液体体积，不能作反应器，绝对不能加热，也不能用于配制溶液或稀释溶液。

② 容量瓶。容量瓶用于一定物质的量浓度的溶液的配制，瓶上有三个标示：容积、使用温度和刻度线。常用容量瓶的规格有：25mL、50mL、100mL、150mL、200mL、250mL、500mL、1 000mL。

注意事项：一定容积规格的容量瓶只能配制该容积体积的溶液，如不是一定规格体积的溶液，应采取向上靠的原则，如配制 480mL 0.1moL · L^{-1} 的 NaOH 溶液应选用 500mL 的容量瓶；配制溶液时，一定要等溶液冷却后再向容量瓶中转移；定容时，应使用胶头滴管；容量瓶不能长期盛放溶液，配制好的溶液及时转移到试剂瓶中。

③ 滴定管。其刻度从上到下依次增大，有“0”刻度。25mL 的滴定管（液面在“0”刻度以上）所盛液体总体积大于 25mL。装液体前要先用待装液润洗，开始滴定前所装液体液面位于 0 刻度或大于 0 刻度，并记下此时刻度。

酸式滴定管　用来盛中性或酸性溶液，可以用来盛强氧化性溶液，如酸性高锰酸钾溶液；但不能盛装强碱性溶液，如氢氧化钠溶液，防止玻璃活塞处发生粘连。

碱式滴定管　最下部分为一段橡胶管，因此不能盛强氧化性溶液，以免使橡胶管老化。

数据读取　读数保留小数点后 2 位，如 8.20mL。

④ 托盘天平。托盘天平由托盘（分左右两个）、指针、标尺、调节零点的平衡螺母、游码、分度盘等组成。能精确到 0.1 g。称量干燥的固体药品前，应在两个托盘上各放一张相同质量的纸，然后把药品放在纸上称量；易潮解的药品则必须放在玻璃皿（小烧杯、表面皿）里称量。

⑤ 温度计。使用温度计时要注意其量程，注意水银球部位玻璃极薄（传热快），不要碰着器壁，以防破裂，水银球放置的位置要合适。如测液体温度时，水银球应置于液体中；做石油分馏实验时水银球应放在蒸馏烧瓶的支管口处。

注意事项：标明使用温度的仪器有容量瓶、量筒、滴定管；“0”刻度在上边的仪器是滴定管，0 刻度在中间的仪器是温度计，没有“0”刻度的仪器是量筒。托盘天平：“0”刻度在刻度尺最左边（标尺中央是一道竖线，不是零刻度线）；选择仪器时要考虑仪器的量程和精确度。如量取 3.0mL 液体用 10mL 量筒；量取 21.20mL 高锰酸钾溶液用 25mL 的酸式滴定管；配置 100mL 15% 的氢氧化钠溶液用 100mL 容量瓶；使用前必须检查是否漏水的仪器有容量瓶、分液漏斗、滴定管。

（2）分离提纯仪器

① 漏斗

a. 普通漏斗：用于制过滤器，向小口容器中倾注液体。

注意事项：不能加热，也不能向其中倾倒热的液体，以防炸裂。过滤过程中不能搅拌漏斗中的液体，以免将滤纸戳破。

b. 长颈漏斗：在气体发生装置中用于向反应器中加注液体。

注意事项：长颈漏斗下端管口必须伸入液面以下（即形成液封），以防止所制气体从长颈漏斗的上口逸散。

c. 分液漏斗（常见有梨形分液漏斗和球形分液漏斗）。

ⅰ. 梨形分液漏斗：用于分离互不相溶的两种液体混合物。分液时要打开上部塞子（或使塞子上的凹槽或小孔对准漏斗口的小孔），使下层液体顺利流出。

注意事项：上层液体要从分液漏斗的上口倒出。

ⅱ. 球形分液漏斗：主要用来组装制气装置。使用时，其下端管口不能伸入液面以下；打开分液漏斗活塞前要先打开上部塞子（或使塞子上的凹槽或小孔对准漏斗口的小孔），以使内外气压保持平衡，利于液体顺利滴下。

注意事项：以上几种漏斗形状、用途各不相同，仪器名称一定要准确，如过滤时所用的“漏斗”应准确为“普通漏斗”。

② 洗气瓶。其作用是除去气体中的杂质，一般选择与杂质气体反应的试剂作吸收液；装入液体不宜超过容积的 2/3；气体的流向为长进短出。

③ 干燥管。用于干燥或吸收某些气体，干燥剂为颗粒状，常用无水 $CaCl_2$、碱石灰、P_2O_5。

注意事项：干燥剂或吸收剂的选择；一般为大口进气，小口出气。

④ U 形管。和干燥管一样，用于干燥或吸收某些气体，也只能用固体干燥剂，一般采取左进右出的原则。

⑤ 冷凝管。常用于分离沸点相差较大的互溶液体化合物。冷却水的流向为“下进上出”。

3.1.1.3 常用化学仪器及使用方法

化学实验室常见仪器名称、样式、主要用途、使用方法以及注意事项总结如表 3-1 ~ 表 3-7 所列。

表 3-1　可用于直接加热的仪器

仪器图形与名称	主要用途	使用方法和注意事项
蒸发皿	用于蒸发溶剂或浓缩溶液	可直接加热，但不能骤冷。蒸发溶液时不可加得太满，液面应距边缘 1cm 处

续表

仪器图形与名称	主要用途	使用方法和注意事项
试管	常用作反应器，也可收集少量气体	可直接加热，拿取试管时，用中指、食指、拇指拿住试管口占全长的1/3处，加热时管口不能对着人。放在试管内的液体不超过容积的1/2，用于加热的不超过1/3。加热时要用试管夹，并使试管跟桌面成45°的角度，先给液体全部加热，然后在液体底部加热，并不断摇动。给固体加热时，试管要横放，管口略向下倾
坩埚 坩埚钳	用于灼烧固体，使其反应（如分解）	可直接加热至高温。灼烧时应放于泥三角上，应用坩埚钳夹取。应避免骤冷
燃烧匙	燃烧少量固体物质	可直接用于加热，遇能与Cu、Fe反应的物质时要在匙内铺细砂或垫石棉绒

表3–2　能间接加热（需垫石棉网）

仪器图形和名称	主要用途	使用方法和注意事项
80mL 60 100mL 40 20 烧杯（分为50mL、100mL、250mL、500mL、1000mL等规格）	用作配制、浓缩、稀释溶液。也可用作反应器和给试管水浴加热等	加热时应垫石棉网，根据液体体积选用不同规格烧杯
平底烧瓶	用作反应器（特别是不需加热的）	不能直接加热，加热时要垫石棉网。不适于长时间加热，当瓶内液体过少时，加热容易使之破裂

续表

仪器图形和名称	主要用途	使用方法和注意事项
圆底烧瓶	用作在加热条件下进行的反应器	不能直接加热，应垫石棉网加热。所装液体的量不应超过其容积 1/2
蒸馏烧瓶	用于蒸馏与分馏，也可用作气体发生器	加热时要垫石棉网。也可用其他热浴
0 —200mL 50 — 200 100 — 150 110 — 100 锥形瓶	用作接收器 用作反应器，常用于滴定操作	一般放在石棉网上加热。在滴定操作中液体不易溅出

表 3–3　不能加热的仪器

仪器图形与名称	主要用途	使用方法及注意事项
集气瓶	用于收集和贮存少量气体	上口为平面磨砂，内侧不磨砂，玻璃片要涂凡士林油，以免漏气，如果在其中进行燃烧反应且有固体生成时，应在底部加少量水或细砂

续表

仪器图形与名称	主要用途	使用方法及注意事项
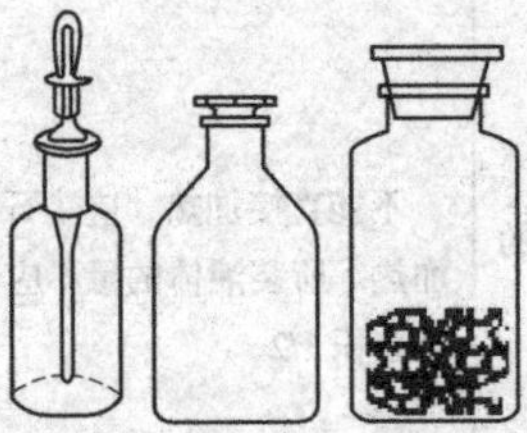 滴瓶 细口瓶 广口瓶	分装各种试剂，需要避光保存时用棕色瓶。广口瓶盛放固体，细口瓶盛放液体	瓶口内侧磨砂，且与瓶塞一一对应，切不可盖错。玻璃塞不可盛放强碱，滴瓶内不可久置强氧化剂等
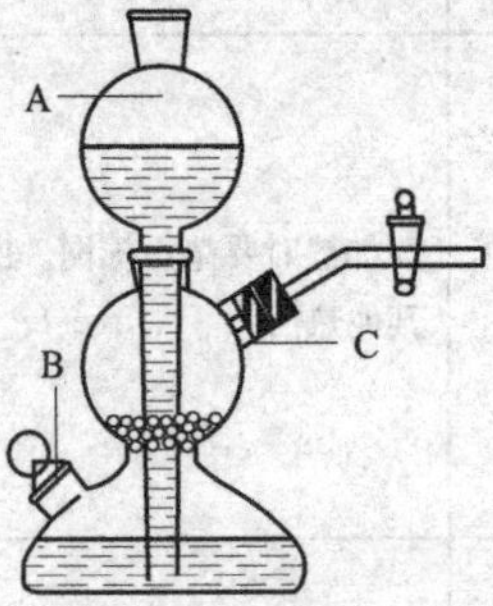 A B C 启普发生器	制取某些气体的反应器	固体为块状，气体溶解性小反应无强热放出，旋转导气管活塞控制反应进行或停止

表 3–4 计量仪器

仪器图形与名称	主要用途	使用方法及注意事项
 量筒	用于粗略量取液体的体积	要根据所要量取的体积数，选择大小合适的规格，以减少误差。不能用作反应器，不能直接在其内配制溶液
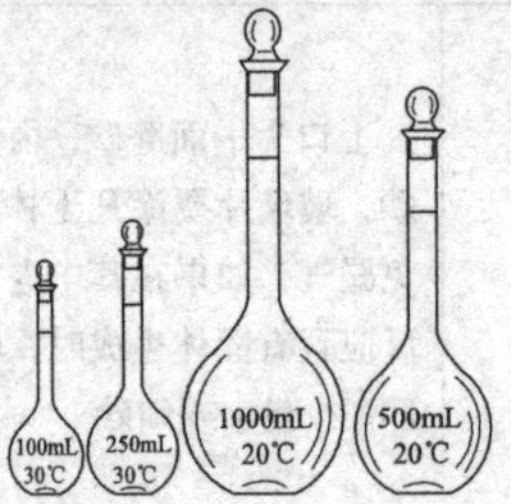 100mL 30℃ 250mL 30℃ 1000mL 20℃ 500mL 20℃ 容量瓶（分为 50mL、100mL、250mL、500mL、1000mL）	用于准确配制一定物质的量浓度的溶液	不作反应器，不可加热，瓶塞不可互换，不宜存放溶液，要在所标记的温度下使用

续表

仪器图形与名称	主要用途	使用方法及注意事项
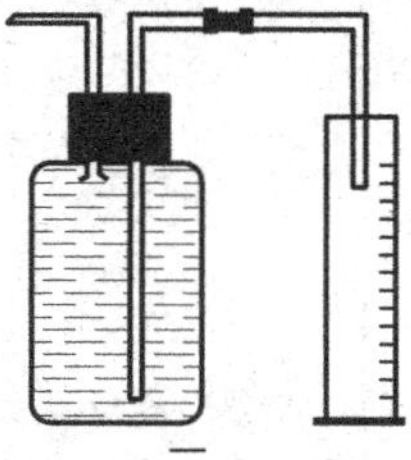 量气装置	用于量取产生气体的体积	注意：所量气体为不溶性的，进气管不能接反，应短进长出
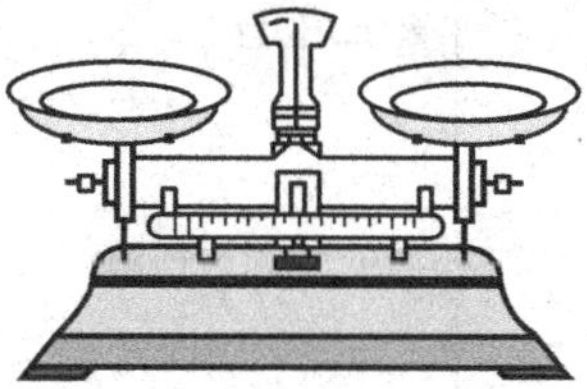 托盘天平	用于精确度要求不高的称量	药品不可直接放在托盘内，左物右码。若左码右物，则称取质量小于物质的实际质量。一般精确到 0.1g
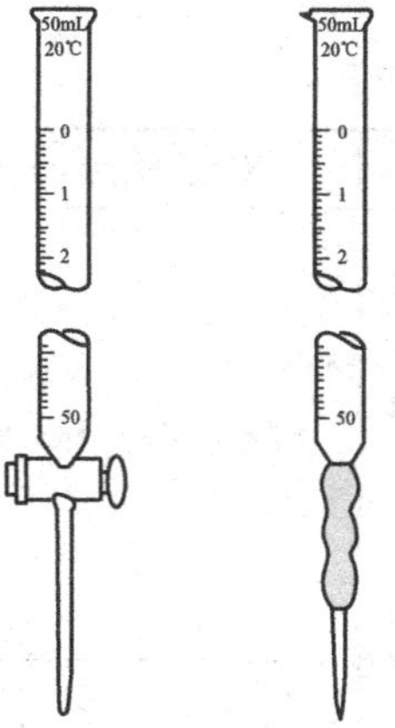 50mL 20℃ 0 1 2 50 50mL 20℃ 0 1 2 50 酸、碱式滴定管	用于中和滴定（也可用于其他滴定）实验，也可准确量取液体体积	酸式滴定管不可以盛装碱性溶液，强氧化剂（$KMnO_4$ 溶液、I_2 水等）应放于酸式滴定管，“0”刻度在上方，精确到 0.01mL
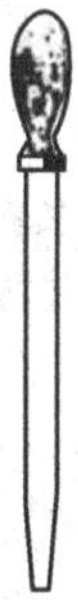 胶头滴管	用于吸取或滴加液体，定滴数地加入滴液	必须专用，不可一支多用，滴加时不要与其他容器接触

续表

仪器图形与名称	主要用途	使用方法及注意事项
温度计	用于测量温度	加热时测量温度不可超过其最大量程，不可当搅拌器使用，注意测量温度时，水银球的位置

表 3–5　用作过滤、分离、注入溶液仪器

仪器图形与名称	主要用途	使用方法及注意事项
漏斗	用作过滤或向小口容器中注入液体	过滤时应“一贴二低三靠”
长颈漏斗	用于装配反应器，便于注入反应液	应将长管末端插入液面下，防止气体逸出

续表

仪器图形与名称	主要用途	使用方法及注意事项
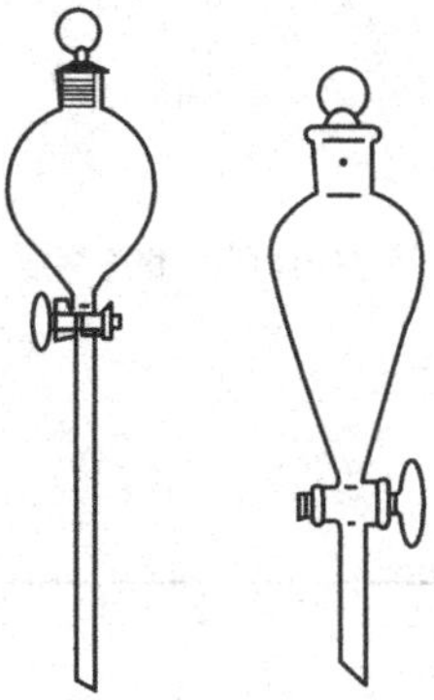 分液漏斗	分离密度不同且互不相溶的液体；作反应器的随时加液装置	分液时，先打开上端活塞，再打开下端旋塞。下层液体从下口放出，上层液体从上口倒出；不宜盛碱性液体

表 3–6　干燥仪器

仪器图形与名称	主要用途	使用方法及注意事项
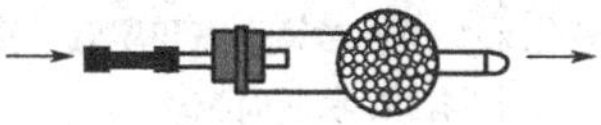 球形干燥管 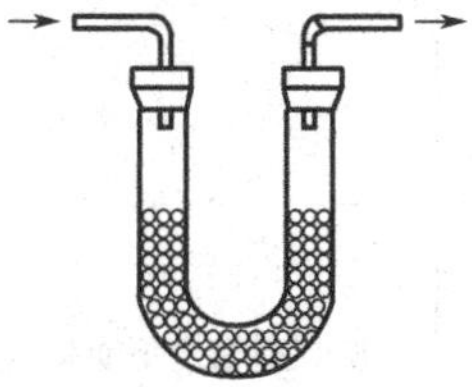 U 形干燥管	内装固体干燥剂或吸收剂，用于干燥或吸收某些气体	要注意防止干燥剂液化和是否失效。气流方向大口进小口出
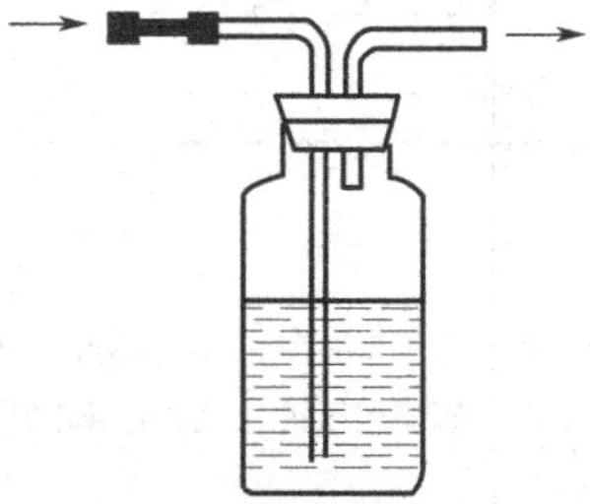 洗气瓶	除去气体中的杂质	注意气流方向应该长管进气，短管出气

续表

仪器图形与名称	主要用途	使用方法及注意事项
干燥器	用于存放干燥的物质或使滴湿的物质干燥	很热的物质应稍冷后放入

表 3–7 其它仪器

仪器图形与名称	主要用途	使用方法及注意事项
冷凝管	用于蒸馏分馏，冷凝易液化的气体	组装时管头高和尾低，蒸气与冷却水逆向流动
酒精灯	用作热源，火焰温度为500～600℃	所装酒精量不能超过其容积的2／3，但也不能少于1／4。加热时要用外焰。熄灭时要用盖盖灭，不能吹灭
酒精喷灯	用作热源，火焰温度可达1000℃左右	需要强热的实验用此加热。如煤的干馏，炭还原氧化铜

续表

仪器图形与名称	主要用途	使用方法及注意事项
表面皿	可用作蒸发皿或烧杯的盖子，可观察到里面的情况	不能加热
夹持仪器	铁架台、铁夹、试管夹、滴定管夹、坩埚钳、三脚架、泥三角、镊子、石棉网等	
连接的仪器及用品	单孔器、双孔塞、无孔塞、玻璃导管、橡胶管；另外还有一些仪器，玻棒、试管刷、研钵、接收器	

3.1.1.4　化学实验基本操作

（1）试剂的取用

固体粉末状药品取用时用药匙或纸槽送入横放的试管中，然后将试管直立，使药品全部落到底部。药量一般以盖满试管底部为宜。

块状固体则用镊子夹取放入横放的试管中，然后将试管慢慢直立，使固体沿管壁缓慢滑下。

液体药品根据取用药品量的不同采用不同的方法。取用少量时，可用胶头滴管吸收。取一定体积的液体可用滴定管或移液管。取液体量较多时可直接倾倒。往小口径容器内倾倒液体时（如容量瓶）应用玻棒引流。

（2）玻璃仪器的洗涤

① 水洗法。在试管中注入少量水，用合适毛刷蘸洗涤剂刷洗，再用水冲洗，最后用蒸馏水清洗，洗涤干净的标志是：附着在玻璃仪器内壁上的水既不聚成水滴，也不成股流下。

② 药剂洗涤法

附有不溶于水的碱、碱性氧化物、碳酸盐。可选用稀盐酸清洗，必要时可稍加热；

附有油脂，可选用热碱液（Na_2CO_3）清洗；

附有硫黄，可选用 CS_2 或 NaOH 溶液洗涤；

附有碘、苯酚、酚醛树脂的试管用酒精洗涤；

作“银镜”、“铜镜”实验后的试管，用稀硝酸洗涤；

用高锰酸钾制氧气后的试管附有二氧化锰，可用浓盐酸并稍加热后再洗涤；

盛乙酸乙酯的试管用乙醇或 NaOH 溶液洗涤。

（3）常见指示剂（或试纸）的使用

① 常见的酸碱指示剂有石蕊、酚酞和甲基橙，应熟记它们的变色范围。使用时取几滴指示滴加到试管中的待测液中，观察颜色变化。

② 常见试纸有石蕊试纸（红色或蓝色）、pH试纸（黄色）、淀粉碘化钾试纸（白色）以及酸铜铅试纸等；用试纸测气体的酸碱性时，应用镊子夹着试纸，润湿后放在容器的气体出口处，观察颜色的变化。使用 pH 试纸时应把试纸放在玻璃片或表面皿上，用玻棒蘸取待测液涂在试纸上，及时用比色卡比色，读出待测液的 pH 值，注意 pH 试纸不能用水润湿。要注意切不可把试纸投入到溶液中。

说明：Cl_2、Br_2、NO_2、O_2 等氧化性较强的气体，均可使润湿的淀粉碘化钾试纸变蓝。

（4）溶液的配制

① 配制一定质量分数的溶质：计算、称量（对固体溶质）或量取（对液体物质）、溶解。

② 配制一定物质的量浓度的溶液：计算（溶质质量或体积）、称量或量取、溶解、降至室温、转入容量瓶中、洗涤（2 ~ 3 次，用玻棒再次移入）、定容（加水到刻度线下 2 ~ 3cm 处，改用胶头滴管加至凹液面最低点与刻度相切）、摇匀、装瓶（注明名称、浓度）。

说明：在溶解时放出大量的热的物质，例如，浓硫酸的稀释、浓硫酸和浓硝酸混合，都应把密度较大的浓硫酸沿器壁慢慢注入另一种液体中，并用玻棒不断搅拌。

（5）物质的分离与提纯，其操作如表 3–8 所列。

表 3–8 常见物质分离提纯操作介绍

操作名称	适用范围和实例	装置	操作要点
过滤（沉淀洗涤）	固体（不溶）–液体分离 例：除去粗盐中的泥沙		（1）对折法折叠滤纸后紧贴漏斗壁，用水打湿不出气泡为止，滤纸边缘低于漏斗；过滤时加入漏斗的溶液面低于滤纸边缘，即“一贴两低三靠” （2）过滤时：烧杯嘴与玻棒接触；玻棒与三层滤纸处相接触；漏斗嘴紧靠玻璃烧杯壁 （3）加水，水面高于沉淀，浸洗三次，达到净化沉淀

续表

操作名称	适用范围和实例	装置	操作要点
蒸发结晶（重结晶）	固体－液体分离，例：食盐溶液的蒸发结晶。 利用物质在同－溶剂中溶解度不同，进行固体－固体（均溶）分离。例如：KNO_3、NaCl 的结晶分离	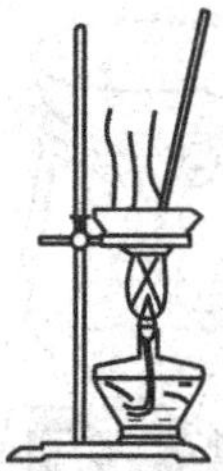	（1）蒸发皿可直接受热。固定在铁架台的铁环上 （2）加热时用玻棒不断地搅动防止热液溅出，发现溶液出现较多固体快干时撤火。利用余热将溶液蒸干
蒸馏分馏	分离沸点不同的液体混合物 例：从石油中分馏出各馏分。从乙醇、乙酸、浓 H_2SO_4 混合液中蒸馏出乙酸乙酯	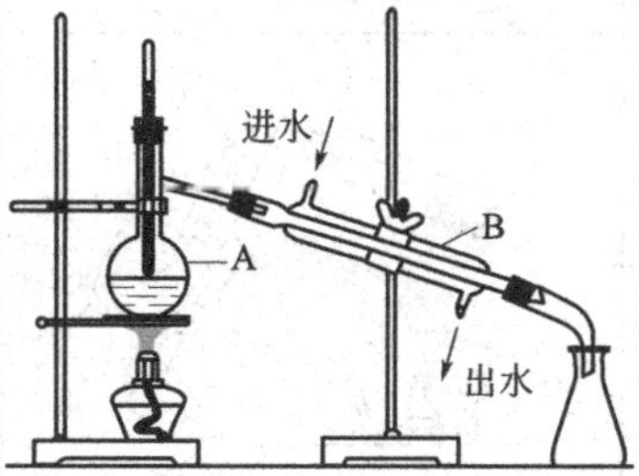 进水 A B 出水	（1）蒸馏烧瓶加热要垫石棉网，温度计水银球放在支管口略向下的位置 （2）冷凝管横放时头高尾低保证冷凝液自然下流，冷却水与被冷凝蒸气流向相反 （3）烧瓶中放入多孔瓷片以防暴沸
萃取分液	将两种互溶的液体分开。将两种互不相溶的液体分开。 例：用 CCl_4 将碘从碘水中萃取出来后，再分液分离	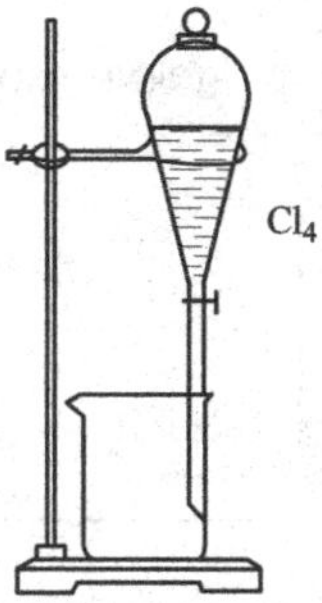 Cl_4	（1）将溶液注入分液漏斗，溶液总量不超过其容积 3/4，如图所示，两手握住分液漏斗、倒转分液漏斗并反复、用力振荡 （2）把分液漏斗放在铁架台的铁圈中静置、分层 （3）打开上口活塞后，再打开旋塞，使下层液体流出
洗气	气－气分离（杂质气体与试剂反应）例：用饱和食盐水除去 Cl_2 气中的 HCl 杂质，用 Br_2 水除去 CH_4 中的 C_2H_2	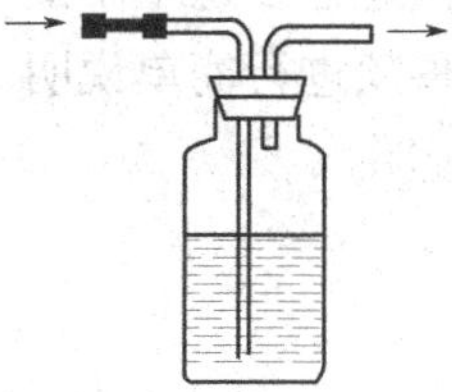	混和气体通入洗气瓶 注意气体流向，长进短出
渗析	胶粒与溶液中的溶质分离。例：用渗析的方法除去淀粉胶体中的 NaCl	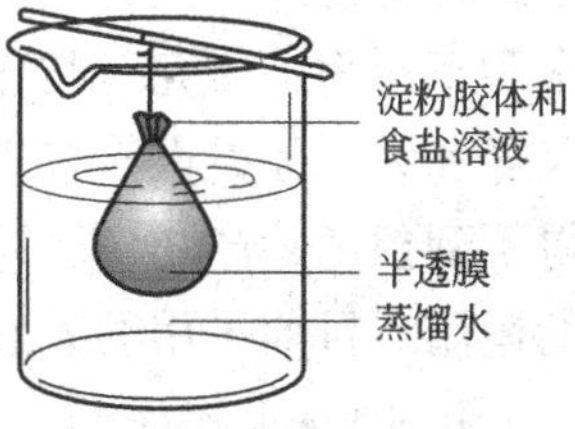 淀粉胶体和食盐溶液 半透膜 蒸馏水	将要提纯的胶体装入半透膜中，将半透膜袋系好，浸入蒸馏水中，渗析的时间要充分

续表

操作名称	适用范围和实例	装置	操作要点
加热	杂质发生反应。例：Na_2CO_3 中含有 $NaHCO_3$ 杂质。MnO_2 中混有炭粉杂质可用加热法除去	碳酸氢铵 酒精灯	用玻棒搅拌，使受热均匀
升华	分离易升华的物质。例：碘、萘的提纯		
盐析	胶体从混合物中分离出来。例：硬脂酸钠溶液中加入食盐细粒；鸡蛋白溶液中加入饱和 $(NH_4)_2SO_4$ 溶液	饱和 $(NH_4)_2SO_4$ 溶液 鸡蛋白溶液 蒸馏水	

关于化学实验的仪器及操作过程在这里不能一一列举，本书只针对一些基本的操作及在操作过程中的注意事项进行简单说明。下面就一些常见的化学类实验操作及安全防范问题进行具体说明。

3.1.2　无水无氧反应

在我们的实验研究工作中经常会遇到一些特殊的化合物，有许多是对空气敏感的物质，特别是空气中的水和氧；为了研究这类化合物的合成、分离、纯化和分析鉴定，必须使用特殊的仪器和无水无氧操作技术。否则，即使合成路线和反应条件都是合适的，最终也得不到预期的产物。所以，无水无氧操作技术已在有机化学和无机化学中较广泛的运用。目前采用的无水无氧操作分三种：直接保护操作、手套箱操作（Glove-box）和 Schlenk 操作。

3.1.2.1　直接保护操作

如果对于无水无氧要求不高，可以直接将惰性气体通入反应体系排出空气，这种方法简便易行，广泛用于各种常规反应，是最常见的保护方式。惰性气体可以是氮气或者氩气。

实验中还可以用惰性气体的气球保持法。操作时，先将装满惰性气体且带有针头的气球插入装有橡皮塞的圆底烧瓶的一口上，然后插入另一细针排空体系中的空气，待反应瓶被惰性气体完全充满以后，则拔去此针以备用，气球可使整个反应体系处于惰性气体的压力下。也可以先将反应系统抽真空，然后在反应烧瓶的一口插上充满惰性气体的气球。根据需要，气球也可置于冷凝管的顶部。

3.1.2.2　手套箱操作

（1）实验原理

手套箱是将高纯惰性气体充入箱体内，并循环过滤掉其中的活性物质的实验室设备，也称真空手套箱、惰性气体保护箱等。严格无水无氧操作的手套箱是用金属制成的，主要由主箱体（操作室）、过渡室两部分组成，两室间有一个封闭门，操作室带有氯丁橡胶手套及密封的玻璃窗。主要功能在于对 O_2、H_2O、有机气体的清除，广泛应用于无水、无氧、无尘的超纯环境。

（2）操作方法

① 一般主箱体不能单独抽真空，过渡室则可以单独抽真空。

② 先打开过渡室里面的门，然后关上手套接口压盖、阀门和过渡室外的门。

③ 打开手套口之间的三通阀，使得抽气时手套内外同时抽真空，保持两边气压平衡。

④ 将真空泵接到过渡室一个阀门上，开启真空泵，缓缓打开此阀门，对系统抽气（如打开阀门的速度太快，可能引起手套膨胀）。

⑤ 待真空表指针下降并稳定在 –0.1 MPa 时，抽真空完成，此时先关阀门再关真空泵。

⑥ 然后通过另一阀门向箱体充入惰性气体，直至气压比大气略高一点，可保证大气不会渗入箱体内部（最好重复三次）。

⑦ 关掉连接手套接口的三通阀，打开手套接口上的压盖，即可进行实验操作。

3.1.2.3　Schlenk 操作

（1）实验原理

在有机合成中，一些反应活性很高、但对空气及水分非常敏感的化合物，在制备时通常需要在无水无氧条件下进行操作。无水无氧操作线又称 Schlenk 线（Schlenk Line），是一套惰性气体的净化及操作系统，通过它可以将无水无氧惰性气体导入反应系统。

Schlenk 线主要由除氧柱、干燥柱、双排管、真空计等部分组成。惰性气体（一般为氮气或氩气）在一定压力下由鼓泡器导入干燥柱初步除水，再进入除氧柱除去氧，然后进入第二根干燥柱以吸收除氧柱中生成的微量水，最后进入双排管（惰性气体分配管）。经过脱水除氧系统处理后的惰性气体，可以导入到反应系统或其他操作系统。

在对合成装置或其他仪器进行除水除氧操作时，将要求除水除氧的仪器通过带旋塞的导管，与无水无氧操作线上的双排管相连以便抽换气。在该仪器的支口处要接上液封管以便放空。同时保持仪器内惰性气体为正压，使空气不能入内。关闭支口处的液封管，旋转双排管的双斜三通活塞使体系与真空管相连。抽真空并用电吹风烘烤处理系统各部分，以除去系统内的空气及内壁附着的潮气。烘烤完毕，待仪器冷却以后，打开惰性气体阀，旋转双排管上的双斜三通，使待处理系统与惰性气体管路相通。如此重复处理三次，即抽换气完毕。

（2）实验装置图

其中的双排管操作的实验原理是：具体实验装置如图 3-1 所示，两根分别具有 5 ~ 8 个支管口的平行玻璃管，通过控制它们连接处的双斜三通活塞，对体系进行抽真空和充惰性气体两种互不影响的实验操作，从而使体系得到实验所需要的无水无氧的环境要求。

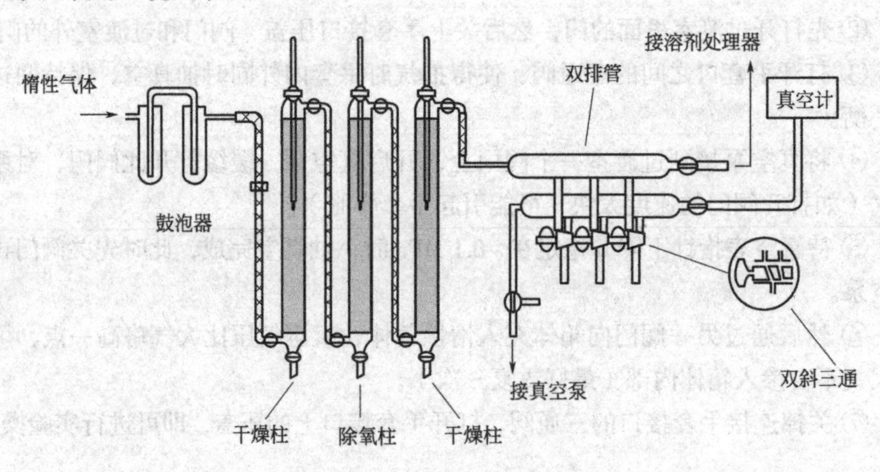

图 3-1　无水无氧实验装置

（3）实验操作步骤

① 安装反应装置并与双排管连接好，然后小火加热烘烤器壁抽真空 – 惰性气

体置换（至少重复三次以上），把吸附在器壁上的微量水和氧移走（加热一般用酒精灯火焰来回烘烤器壁除去吸附的微量水分；惰性气体一般用氮气或氩气，由于氮气便宜所以实验室常用高纯氮）。

② 加料（如果是固体药品可以在抽真空前先加，也可以后加，但一定要在惰性气体保护下进行；液体试剂可以用注射器加入，一般在抽真空后）。

③ 反应过程中，注意观察鼓泡器保持双排管内始终要有一定的正压（但要注意起泡速度，避免惰性气体的浪费）直到反应得到稳定的化合物。

④ 实验完成后应及时关闭惰性气体钢瓶的阀门（先顺时针方向关闭总阀，指针归零；再反时针松开减压阀，同样让指针归零，关闭节制阀）。最后，打扫卫生，清洗双排管，填写双排管的使用情况是否正常，维护好实验仪器。

（4）操作要点及注意事项

① 在利用 Schlenk 线进行除水除氧操作时，应事先对干燥柱和除氧柱进行活化。在干燥柱中，常填充脱水能力强并可再生的干燥剂，如 5A 分子筛。在除氧柱中则选用除氧效果好并能再生的除氧剂，如银分子筛。

② 在已经除氧除水的系统里，液体试剂的加入通常是使用针筒；固体试剂的加入一般是先将盛有固体试剂的弯管装在反应烧瓶上，反应时只要旋转弯管就可以使固体掉入反应瓶中。

③ 惰性气体的净化。实验室中常用的惰性气体是氮、氩和氦。其中氮最易得到，且价格便宜，因而使用得最为普遍。以氮为保护气体的另一个优点是它的相对密度与空气很接近，在氮保护下称量物质的质量不需要加以校正。但是，由于氮分子在室温下与锂反应，在较高温度下和别的物质（如金属镁）也能发生反应，氮还能与某些过渡金属形成配合物，从而限制了它的应用。因此在这种情况下必须用氩作保护气体。氩较氮难得，价格昂贵，只有在特殊条件下才使用。

氮、氩、氦的净化方法基本相同。以氮为例说明惰性气体的净化方法和过程是有普遍意义的。所谓情性气体净化，主要是指将惰性气体中所含的氧和水的量降到要求值以下。国内气体纯度一般分为普通级与高纯级，普通氮含量 99.9%，价格很便宜，用前必须纯化；高纯氮含量 99.999% 或 99.99%。高纯氮的含氧和含水总量 10 ~ 50mg/kg，这对于一般的无氧操作已可满足。但对于特别敏感的化合物，例如含 f 电子的金属有机化合物，要求氧的含量小于 5mg/kg，这时所用的惰性气体必须再纯化处理，脱水、脱氧。

④ 脱水方法。

低温凝结：降低温度，水蒸气要冷凝结冰。降低温度能使惰性气体中的水含量大幅度地降低。根据对气体中含水量要求的不同，可以选择不同的冷冻剂。液氮、液态空气、干冰 – 丙酮混合物、干冰等，它们能达到的最低温度相差很大。

使用干燥剂干燥惰性气体：常用干燥剂有氯化钙、氢化钙、五氧化二磷、浓硫酸以及分子筛等。

⑤脱氧方法。

干法脱氧：让气体通过脱氧剂，脱氧剂通常是金属或金属氧化物；如活性铜、钠－钾合金、"401"脱氧剂等。

湿法脱氧：让气体通过具有还原性物质的溶液（由于会带入水或其它溶剂，所以很少采用）。

由于无水无氧操作技术主要对象是对空气敏感的物质，操作技术是成败的关键。稍有疏忽，就会前功尽弃，因此对操作者要求特别严格。所以，无水无氧操作技术已在有机化学和无机化学中较广泛的运用。由于无氧操作比一般常规操作机动灵活性小，因此实验前对每一步实验的具体操作、所用的仪器、加料次序、后处理的方法等都必须考虑好。所用的仪器事先必须洗净、烘干。所需的试剂、溶剂需先经无水无氧处理。在操作中必须严格认真、一丝不苟、动作迅速、操作正确。实验时要先动脑后动手。由于许多反应的中间体不稳定，也有不少化合物在溶液中比固态时更不稳定，因此无氧操作往往需要连续进行，直到拿到较稳定的产物或把不稳定的产物贮存好为止。操作时间较长，工作比较艰苦。

3.1.3 减压蒸馏

3.1.3.1 实验原理

减压蒸馏是分离和提纯有机化合物的一种重要方法。它特别适用于那些在常压蒸馏时未达到沸点即已受热分解、氧化或聚合的物质。

减压蒸馏，也称真空蒸馏，指低于0.1MPa下进行蒸馏（低于常压）。通过降低系统压力以降低被蒸馏液的沸点，以顺利分离和纯化，真空程度分类及获得方法如表3-9所示。

表 3-9 减压蒸馏压力值划分

划分	压力范围	实现途径
粗真空	101.323 ~ 1.3332kPa（760 ~ 10mmHg）	一般可用水泵获得
中真空	133.2 ~ 13.332Pa（10 ~ 0.1mmHg）	一般可用油泵获得
高真空	<13.332Pa （<0.1mmHg）	一般可用扩散泵获得

液体的沸点是指当液体沸腾时的蒸气压等于外界大气压时的自身温度值。因此，液体沸腾的温度会随外界压力的降低而降低。减压蒸馏基本操作原理是用真

空泵连接盛有液体的容器，使液体表面上的蒸气压降低，达到降低液体的沸点的目的，从而实现较低温度下的蒸馏。减压蒸馏时物质的沸点与压力有关，具体换算关系如图 3–2 所示。

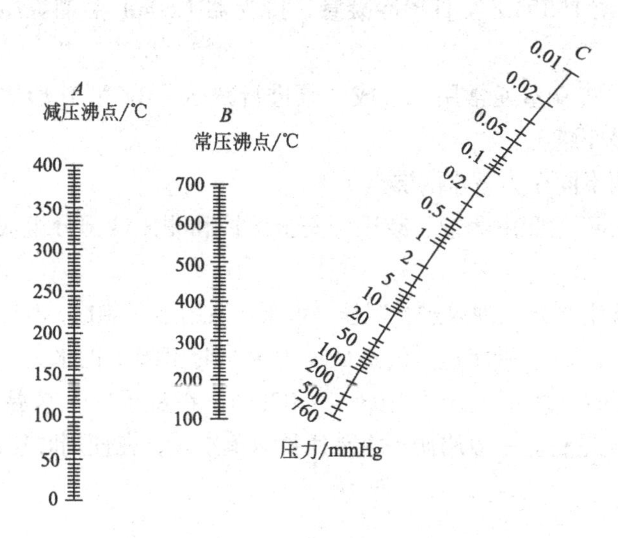

图 3–2　液体在常压、减压下的沸点近似关系

在减压蒸馏前，应先从文献中查阅该化合物在所选择的压力下的相应沸点，如果文献中缺乏此数据，可用下述经验规律大致推算，以供参考：

① 当蒸馏在 1333 ~ 1999Pa（10 ~ 15mmHg）进行时，压力每相差 133.3Pa（1mmHg），沸点相差约 1℃。

② 也可以用下图压力温度关系图来查找，即从某一压力下的沸点值可以近似地推算出另一压力下的沸点。可在 B 线上找到的点常压下的沸点，再在 C 线上找到减压后体系的压力点，然后通过两点连直线，该直线与 A 的交点为减压后的沸点。

③ 沸点与压力的关系可近似地用下式求出：

$$\lg p=A+\frac{B}{T}$$

式中，p 为蒸气压；T 为沸点（热力学温度）；A，B 为常数。如以 $\lg p$ 为纵坐标，$1/T$ 为横坐标，可以近似地得到一直线。

许多有机化合物的沸点当压力降低到 1.3 ~ 2.0kPa（10 ~ 1 5mmHg）时，可以比其常压下的沸点降低 80 ~ 100℃，因此，减压蒸馏对于分离或提纯沸点较高或性质比较不稳定的液态有机化合物具有特别重要的意义。特别适用于在常压蒸馏时未达沸点即已受热分解、氧化或聚合的物质纯化分离。

3.1.3.2　实验操作

仪器：蒸馏部分由蒸馏瓶（100mL）、克氏蒸馏头、毛细管（带螺旋夹）、温度计（100℃或150℃）及直形冷凝管、接受器（60mL蒸馏烧瓶）、水浴锅、电热套等组成。

抽气部分：实验室通常用水泵或油泵进行减压（BY型U形压力计，微型循环水真空泵、缓冲瓶）。

蒸馏水（测不同压力下水的沸点）。

减压蒸馏装置主要由蒸馏、减压、安全保护和测压四部分组成，如图3–3和图3–4。

实验室通常用水泵或油泵进行减压。水泵：系用金属制成，其效能与其构造、水压及水温有关。水泵所能达到的最低压力为当时室温下的水蒸气压。例如，在水温为6 ~ 8℃时，水蒸气压为0.93 ~ 1.07kPa；在夏天，若水温为30℃，则水蒸气压为4.2kPa左右。一般用循环水泵代替简单水泵，在使用时比油泵更加方便、实用和简单。

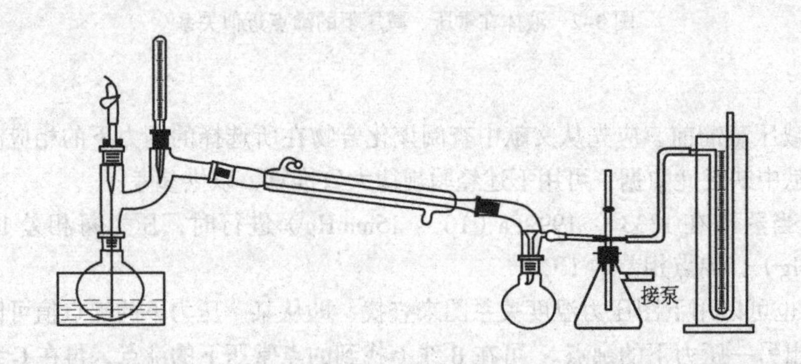

图3–3　减压蒸馏装置（水泵作为减压系统）

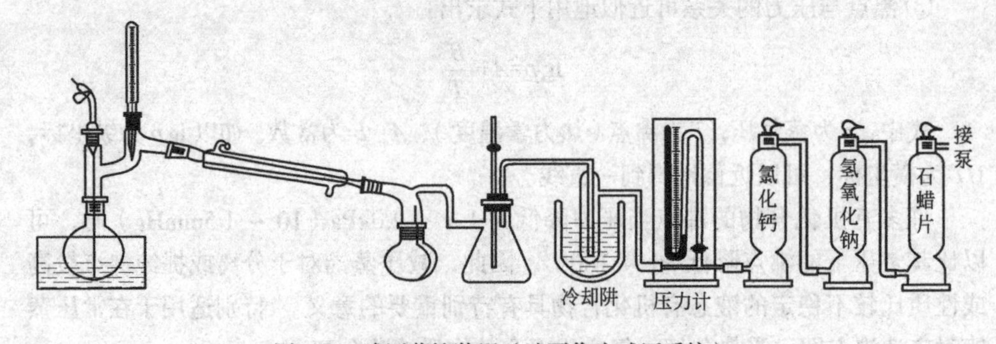

图3–4　减压蒸馏装置（油泵作为减压系统）

操作步骤：

① 安装实验装置，检查气密性。

② 加料：量取25mL蒸馏水加至克氏烧瓶。

③ 打开螺旋夹（缓冲液），启动循环水真空泵。

④ 分别调节负压至0.03MPa、0.02MPa、0.01MPa，计算系统内压力：$P_{系}=P_{气}-P_{负}$。

⑤ 加热，检查水的沸点温度值。

⑥ 停止加热，开毛细管夹，缓冲瓶夹，除真空之后，停泵。

⑦ 将系统改为常压蒸馏，测量水的沸点温度值。

3.1.3.3 实验安全注意事项

① 被蒸馏液体中若含有低沸点物质时，通常先进行普通蒸馏，再进行水泵减压蒸馏，而油泵减压蒸馏应在水泵减压蒸馏后进行。

② 在系统充分抽空后通冷凝水，再加热（一般用油浴）蒸馏，一旦减压蒸馏开始，就应密切注意蒸馏情况，调整体系内压，记录压力和相应的沸点值，根据要求，收集不同馏分。仔细检查冷凝水进口与出口连接处是否有冷凝液体流出，以防实验过程中因流速过快，使接口处开裂，影响实验。目前，实验中多使用水作为冷凝剂，但大多情况下会使用其他有机相与水相混合冷凝剂（如不同体积比例下水和乙二醇的混合液）以达到更好的冷凝效果。因此，实验过程中，应确保冷凝液的使用安全。

③ 螺旋夹和安全瓶的打开速度均不能太快，否则会使水银柱快速上升，冲破测压计，使水银流出。

④ 实验结束后，必须等待系统内外压力平衡后，方关闭油泵，以免抽气泵中的油倒吸入干燥塔。最后按照与安装相反的程序拆除仪器。

⑤ 仪器拆除进行清洗时，注意溶剂的处理方式，特别是易挥发、有毒有害有机物，严格按照操作流程处理。

3.1.4 萃取实验

3.1.4.1 液－液萃取

（1）萃取原理

萃取是物质从一个相转移到另一个相的操作过程。它是有机化学实验中用来分离或纯化有机化合物的基本操作之一。应用萃取可以从固体或液体混合物中提取出所需要的物质，也可以用来洗去混合物中少量杂质。前者通常称为“萃取”（或

“抽提”），后者称为“洗涤”。所以洗涤实际上也是一种萃取。

根据被提取物状态的不同，萃取分为两种：一是液－液萃取，即用溶剂从液体混合物中提取所需物质；二是液－固萃取，即用溶剂从固体混合物中提取所需物质。

液－液萃取原理：利用物质在两种互不相溶（或微溶）的溶剂中溶解度或分配系数的不同，使物质从一种溶剂内转移到另一种溶剂中。分配定律是液－液萃取的主要理论依据。在两种互不相溶的混合溶剂中加入某种可溶性物质时，它能以不同的溶解度分别溶解于此两种溶剂中。实验证明，在一定温度下，若该物质的分子在此两种溶剂中不发生分解、电离、缔合和溶剂化等作用，则此物质在两液相中浓度之比是一个常数，不论所加物质的量是多少都是如此。用公式表示即：$\frac{C_A}{C_B}=K$。

其中，C_A、C_B 表示一种物质在 A、B 两种互不相溶的溶剂中的物质的量浓度。K 是一个常数，称为“分配系数”，它可以近似地看作是物质在两溶剂中溶解度之比。

由于有机化合物在有机溶剂中一般比在水中溶解度大，因而可以用与水不互溶的有机溶剂将有机物从水溶液中萃取出来。为了节省溶剂并提高萃取效率，根据分配定律，用一定量的溶剂一次加入溶液中萃取，则不如将同量的溶剂分成几份作多次萃取效率高。可用下式来说明。

设：V 为被萃取溶液的体积，mL；

W 为被萃取溶液中有机物（X）的总量，g；

W_n 为萃取 n 次后有机物（X）剩余量，g；

S 为萃取溶荆的体积，mL。

经 n 次提取后有机物（X）剩余量可用下式计算：

$$W_n=W\left(\frac{KV}{(KV+S)}\right)^n$$

式中，$KVl(KV+S)$ 总是小于 1，所以 n 越大，W_n 就越小。即将溶剂分成数份作多次萃取比用全部量的溶剂作一次萃取的效果好。但是，萃取的次数也不是越多越好，因为溶剂总量不变时，萃取次数 n 增加，S 就要减小。当 $n>5$ 时，n 和 S 两个因素的影响就几乎相互抵消了，n 再增加 W_n /（W_{n+1}）的变化很小，所以一般同体积溶剂分为 3 ~ 5 次萃取即可。

液 / 液两相萃取发生的条件：①溶剂和样品不能混溶；②考虑到对被萃取物质溶解度大，又要顾及萃取后易于该物质分离，因此所选溶剂的沸点最好低一点。水溶性较小的物质可用石油醚萃取；水溶性较大的物质可用乙醚萃取；水溶性更大的物质可用乙酸乙酯萃取。

（2）实验装置图（图 3-5）

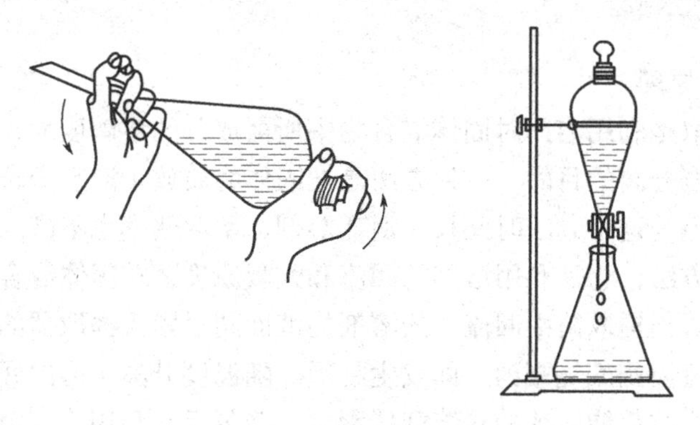

图 3-5　液 - 液萃取装置

（3）实验操作步骤

① 使用前应先检查下口活塞和上口塞子是否有漏液现象。分液漏斗中盛少量水，检查它的活塞和顶塞及磨口是否匹配。

② 将被萃取溶液倒入分液漏斗中，然后加入少量萃取剂。塞紧顶塞，先用右手食指末节将漏斗上端玻塞顶住，再用大拇指及食指和中指握住漏斗，用左手的食指和中指蜷握在活塞的柄上。然后将漏斗平放，前后摇动或作圆周运动，使液体振动起来，两相充分接触，以提高萃取效率。

③ 每振摇几次后，就要将漏斗尾部向上倾斜（朝无人处）打开活塞放气，以解除漏斗中的压力。如此重复至放气时只有很小压力后，再剧烈振摇 2 ~ 3min，静置，待两相完全分开。

④ 打开上面的玻璃塞，再将活塞缓缓旋开，下层液体自下口放出，有时在两相间可能出现一些絮状物也同时放去。然后将上层液体从分液漏斗的上口倒出。

（4）操作要点及注意事项

① 分液漏斗中的液体不易太多，以免摇动时影响液体接触而使萃取效果下降。

② 液体分层后，上层液体由上口倒出，下层液体由下口经活塞放出。

③ 在溶液呈碱性时，常产生乳化现象。有时由于存在少量轻质沉淀，两液相密度接近，两液相部分互溶等都会引起分层不明显或不分层。应静止时间长一些，或加入一些食盐，增加两相的密度，使絮状物溶于水中，迫使有机物溶于萃取剂中，或加入几滴酸、碱、醇等，破坏乳化现象。如上述方法不能将絮状物破坏，在分液时，应将絮状物与萃余相一起放出。

④ 液体分层后应正确判断萃取相和萃余相，如果一时判断不清，应将两相分

别保存起来，待弄清后，再弃掉不要的液体。

3.1.4.2　液－固萃取

（1）实验原理

液－固萃取是利用溶剂对固体混合物中所需成分的溶解度大，对杂质的溶解度小来达到提取分离的目的。一种方法是把固体物质放于溶剂中长期浸泡而达到萃取的目的，但是这种方法时间长，消耗溶剂，萃取效率也不高。另一种是采用索氏提取器的方法，它是利用溶剂的回流和虹吸原理，对固体混合物中所需成分进行连续提取。当提取筒中回流下的溶剂的液面超过索氏提取器的虹吸管时，提取筒中的溶剂流回圆底烧瓶内，即发生虹吸。随温度升高，再次回流开始，每次虹吸前，固体物质都能被纯的热溶剂所萃取，溶剂反复利用，缩短了提取时间，所以萃取效率较高。

（2）实验装置图（图3-6）

（3）操作步骤

① 把滤纸做成与提取器大小相应的滤纸筒，然后把需要提取的样品放入滤纸筒内，装入提取器。注意滤纸筒既要紧贴器壁，又要方便取放（滤纸筒上可以套一圈棉线，方便提取完成后取出滤纸筒）。被提取物高度不能超过虹吸管，否则被提取物不能被溶剂充分浸泡，影响提取效果。被提取物亦不能漏出滤纸筒，以免堵塞虹吸管。如果试样较轻，可以用脱脂棉压住试样。

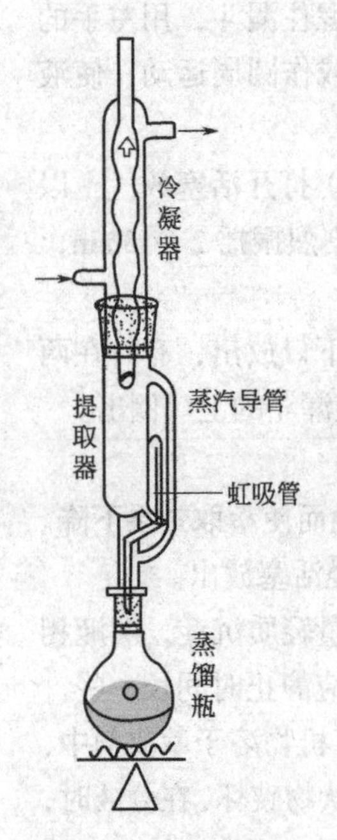

图3-6　索氏萃取装置图

② 在提取用的烧瓶中加入提取溶剂（以乙醚为例）和沸石（没有沸石可以用玻璃珠或碎瓷片，目的就是防止暴沸）。

③ 连接好烧瓶、提取器、回流冷凝管，接通冷凝水，加热。沸腾后，乙醚的蒸气从烧瓶进到冷凝管中，冷凝后的乙醚回流到滤纸筒中，浸取样品。乙醚在提取器内到达一定的高度时，就携带所提取的物质一同从侧面的虹吸管流入烧瓶中。溶剂就这样在仪器内循环流动，把所要提取的物质集中到下面的烧瓶内。

（4）操作要点及注意事项

① 具体的回流时间是不同的，有的是按药典或文献要求提取一定时间，有的是提取至提取液无色，又比如用乙醚提取样品中的脂肪时是以抽提管中流出的乙醚挥发后不留下油迹为抽提终点。

② 抽提剂若是易燃易爆物质，则应注意通风并且不能有

火源。

③ 样品滤纸色的高度不能超过虹吸管，否则上部脂肪不能提尽而造成误差。

④ 乙醚若放置时间过长，会产生过氧化物。过氧化物不稳定，当蒸馏或干燥时会发生爆炸，故使用前应严格检查，并除去过氧化物。

⑤ 检查方法：取5mL乙醚于试管中，加KI（100g/L）溶液1mL，充分振摇1min。静置分层。若有过氧化物则放出游离碘，水层是黄色（或加4滴5g/L淀粉指示剂显蓝色），则该乙醚需处理后使用。

⑥ 去除过氧化物的方法：将乙醚倒入蒸馏瓶中加一段无锈铁丝或铝丝，收集重新蒸馏的乙醚。

3.1.5　重结晶实验

3.1.5.1　实验原理

重结晶是纯化固体物质的一种很重要的有效方法。它是利用待重结晶物质中各组分在不同温度下溶解度的不同，分离提纯待重结晶物质的过程。

大多数固体物质在溶剂中溶解度一般随着温度的升高而增大。选择合适的溶剂，在较高温度（接近溶剂的沸点）下，制成被提纯物质的热饱和溶液，趁热滤去不溶性杂质后，滤液于低温处放置，使主要成分在低温时析出结晶，可溶性杂质则大部分保留在母液中，从而使产品的纯度相对提高。如果固体有机物中所含杂质较多或要求更高的纯度，可多次重复此操作，使产品达到所要求的纯度，此法称之为多次重结晶。

重结晶只适用于提纯杂质含量在5%以下的固体有机物，如果杂质含量过高，需先经过其他如萃取、水蒸气蒸馏、柱层析等方法初步提纯，然后再用重结晶方法提纯。

3.1.5.2　实验装置图（图3-7）

3.1.5.3　实验步骤（以已二酸的重结晶为例）

① 固体溶解：取待提纯的粗制品已二酸3g，放于锥形瓶中，加入50mL，加热至沸，振荡，若固体不能全部溶解，可分次添加少量水，每次2 ~ 3mL加热沸腾，振荡，至固体全溶或不再溶解为止，记录加入水量，再多加入之前水量20%的水，加热至微沸。

② 脱色：热溶液稍冷后，加入0.1 ~ 0.5g活性炭，边加热边搅拌，煮沸

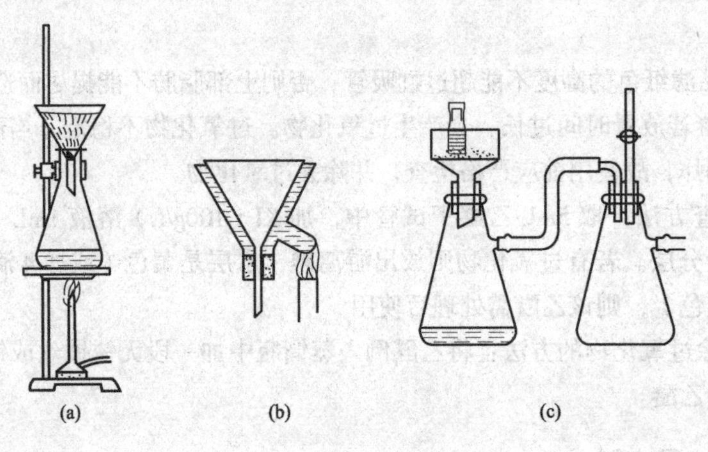

图 3-7 重结晶实验装置

5 ~ 10min。

③ 热滤：在金属漏斗中注入热水，放于铁圈上，用酒精灯加热侧管，取一个短颈玻璃漏斗放入金属漏斗中，将折叠好的菊花滤纸放在玻璃漏斗上，预热一段时间。用少量热水润湿滤纸，再将沸腾的热溶液倒入漏斗中过滤，每次倒入少量，分几次过滤，瓶中剩余的溶液继续加热保持微沸。过滤完毕，用少量热水洗涤锥形瓶和滤纸。

④ 结晶：滤液静置，自然冷却，晶体逐渐析出。

⑤ 抽滤：连接抽滤装置，剪一个大小合适的滤纸放于布氏漏斗上，用少量水润湿后开动真空泵吸紧，打开缓冲瓶旋塞，将晶体和母液一起倒入漏斗中，晶体要尽可能分布均匀，关闭缓冲瓶旋塞，抽滤，抽干后用少量水洗涤晶体两次，继续抽干。

⑥ 烘干：将滤纸和滤饼一同从漏斗中取出，放在一个干燥洁净的表面皿上，在水蒸气浴上加热，晶体表面的溶剂很快挥发，晶体逐渐干燥。取下晶体，将滤纸上黏附的少量晶体刮下合并在一起。

⑦ 称重计算。

3.1.5.4 操作要点及注意事项

（1）选择溶剂

选择适合的溶剂是重结晶的关键之一，适宜的溶剂必须符合以下几个条件：

① 与被提纯的有机物不起化学反应；

② 被提纯的有机物在该溶剂中的溶解度随温度变化显著，在热溶剂中溶解度大，在冷溶剂中溶解度小；

③ 杂质的溶解度很大（被提纯物成晶体析出时，杂质仍留在母液中）或很小（被提纯物溶解在溶剂中而杂质不溶，借热滤除去）；

④ 溶剂的沸点适中，沸点过低，被提纯物在其中溶解度变化不大；过高时，附着于晶体表面的溶剂难以经干燥除去；

⑤ 价廉易得、毒性低、容易回收。

选择溶剂时应根据“相似相溶”原理，溶质一般易溶于与其结构相似的溶剂中。极性溶剂溶解极性固体，非极性溶剂溶解非极性固体。具体选择可通过查阅有关化学手册，也可以通过实验来确定。

（2）固体溶解

待提纯固体有机物的溶解一般在锥形瓶或圆底烧瓶等细口容器中进行，一般不在烧杯等广口容器中进行，因为在锥形瓶中瓶口较小，溶剂不易挥发，又便于振荡。

溶解时先将待提纯的固体有机物放入锥形瓶中，加入比理论计算量略少的溶剂（因为含有杂质，溶解时需要的溶剂量少些），加热至微沸，振荡，若有固体未溶解，再加入少量溶剂，继续加热振荡，至瓶中固体不再溶解（当含有不溶性杂质时，添加足够量的溶剂杂质依然不溶）。或全溶（不含不溶性杂质）为止，最后再多加计算量 20% 的溶剂（将溶液稀释，防止热滤时由于溶剂的挥发和温度的下降导致晶体析出），振荡，制成热的近饱和溶液。

（3）除去杂质

① 脱色：若热溶液有色，说明其中含有色杂质，可利用活性炭进行脱色处理，除去有色杂质。

脱色操作：将沸腾的溶液稍冷后，加入活性炭加热煮沸几分钟，然后趁热过滤，除去活性炭，得到无色溶液。

注意：不能向正在沸腾的热溶液中加入活性炭，以免暴沸。活性炭的用量根据溶液颜色的深浅而定，一般为固体粗产物的 1% ~ 5%，加入过量的活性炭会吸附产物而造成损失。加热煮沸的时间一般为 5 ~ 10min。

② 热滤：待重结晶的有机物热溶液中若有不溶性杂质或经活性炭脱色后必须趁热过滤除去杂质或活性炭。热滤应尽可能快速进行，防止在过滤中由于溶剂挥发或温度下降引起晶体析出，析出的晶体与杂质混在一起，造成损失。为了加快热滤的速度应采取以下措施：a. 选用颈短而粗的玻璃漏斗，避免析出晶体堵塞漏斗颈；b. 使用热水漏斗，保持溶液温度；c. 使用菊花形折叠滤纸，增大过滤面积，提高过滤速度。热滤时漏斗滤纸都要预热，每次倒入少量液体，过滤速度要快，防止在滤纸上出现结晶。

（4）晶体析出

热滤得到的滤液，放置，让其自然冷却，晶体逐步析出。结晶过程中，如果将溶液急速冷却或剧烈摇动，析出的晶体颗粒太小，晶体表面积大，吸附的杂质较多，纯度较低。因此应将溶液缓慢冷却、静置，得到颗粒较大的晶体。但是，晶体颗粒也不能太大，否则晶体中包含大量的母液，产物纯度过低，也给干燥带来困难。当看到有较大晶体形成时，及时轻轻摇动使之形成均匀的小晶体。如果溶液冷却后没有晶体析出，可以用玻棒摩擦器壁或用冰水冷却促使晶体生成。

（5）抽滤

结晶完全后，过滤使晶体与母液分离，溶解度大的杂质留在母液中。一般采用抽滤进行过滤，因为抽滤速度快且能吸干母液得到产品纯度高。

抽滤装置由布氏漏斗、吸滤瓶、缓冲瓶、真空泵组成。布氏漏斗插入吸滤瓶时应该让漏斗下端斜口正对吸滤瓶的支管口；漏斗内放一张圆形滤纸，滤纸直径要小于漏斗内径，但必须能完全盖住所有小孔。吸滤前用少量溶剂将滤纸润湿并吸紧。缓冲瓶的作用是调节系统压力，防止倒吸。

抽滤时先将晶体和母液转移到布氏漏斗上，使晶体均匀分布在滤纸上，用少量溶剂将黏附在容器壁上的晶体洗出倒入漏斗，抽气吸干，用玻棒挤压晶体，尽量除去母液，用少量溶剂洗涤晶体，继续抽干。结束抽滤时应先打开缓冲瓶上的旋塞放气，内外压力平衡后再关闭真空泵。

（6）晶体的干燥

经过抽滤得到的晶体表面吸附有少量溶剂，必须干燥除去，以得到纯净的产品。固体有机物的干燥通常采用烘干法，将重结晶得到的固体从漏斗转移到一个干燥洁净的表面皿上。烧杯中盛少量水，在石棉网上加热至沸腾，把表面皿放在烧杯上，用水蒸气加热，使晶体吸附的溶剂快速挥发，从而使晶体干燥，干燥后取下晶体，用玻棒轻敲滤纸使粘在滤纸上的晶体全部脱落下来。

3.1.6 柱色谱纯化实验

3.1.6.1 实验原理

柱色谱（柱上层析）常用的有吸附色谱和分配色谱两类。吸附色谱常用氧化铝和硅胶作固定相；而分配色谱中以硅胶、硅藻土和纤维素作为支持剂，以吸收较大量的液体作为固定相，而支持剂本身不起分离作用。

吸附柱色谱通常在玻璃管中填入表面积很大经过活化的多孔性或粉状固体吸附剂。当待分离的混合物溶液流经吸附柱时，各种成分同时被吸附在柱的上端。当脱洗剂流下时，由于不同化合物的吸附能力不同，往下洗脱的速度也不同，于是形成了不同层次，即溶质在柱上自上而下按对吸附剂的亲和力大小分别形成若干色带，再用溶剂洗脱时，已经分开的溶质可以从柱上分别洗出收集；或将柱吸干，挤出后按色带分割开，再用溶剂将各色带中的溶质萃取出来。

3.1.6.2　实验装置图（图 3–8）

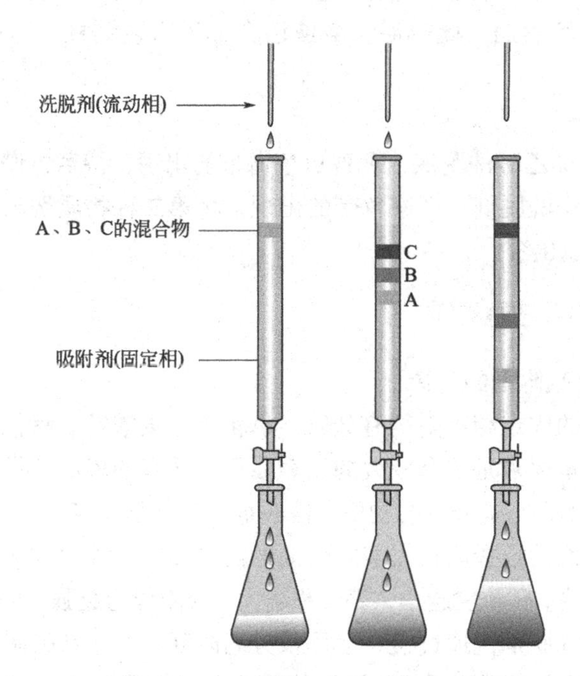

图 3–8　柱色谱纯化实验装置

3.1.6.3　实验步骤

实验以中性氧化铝为吸附剂，以乙醇和水为洗脱剂分离含有甲基橙和次甲基蓝混合色素。

（1）装柱

在色谱分离柱的底部装少许脱脂棉（约 5mm 厚），用玻棒推至底部，并将其压实，将色谱柱垂直固定在铁架上，然后称取 10g 氧化铝慢慢倒入柱内，边倒边用橡胶塞或手指轻弹色谱分离柱，使氧化铝充填均匀紧密。加毕，用套在玻棒上的橡胶塞轻轻敲击柱身，使氧化铝上表面平整，并在上面压上一片圆形滤纸（其直径正好等于色谱柱内径）。打开色谱分离柱下面的活塞，从柱顶徐徐注入 95% 的乙醇（洗脱剂），柱子下面放置 50mL 锥形瓶以回收流出的溶剂，当有乙醇从下部流出色谱柱即可使用。注意：加入液体时不要破坏氧化铝表面的平整性，不要把滤纸冲起来。

（2）加样

当柱内乙醇液面刚好降至柱顶氧化铝的滤纸表面时，关上柱子下面的活塞，将含有甲基橙和次甲基蓝的酒精溶液 lmL 用滴管沿柱壁均匀地慢慢加入柱中，并用少量乙醇溶液冲洗柱壁。重新打开活塞，使溶液的液面再次刚好降至柱顶氧化铝的滤纸表面，此时混合溶液已全部进入色谱柱，即可用洗脱剂进行洗脱。

（3）洗脱

慢慢加入 95% 乙醇洗脱液，观察黄色谱带的出现，待黄色谱带被洗出完后，然后改用蒸馏水作洗脱剂，观察色带的出现，将第二种物质洗出，并用锥形瓶分别收集各色带的流出液。

3.1.6.4 操作要点及注意事项

（1）柱色谱吸附剂的选择

柱色谱常用的固定相吸附剂有硅胶、氧化铝、碳酸钙、氧化镁和活性炭等。对于吸附剂的基本要求是要有较大的比表面积，适宜的表面孔径和合适的吸附活性，并且吸附剂不会与被分离的物质和洗脱剂发生化学反应。

柱色谱吸附剂的选择应根据实际分离的需要而定，吸附剂吸附能力与其颗粒大小和含水量有关。颗粒度越小，表面积越大，吸附能力越强，分离效果就越好。但颗粒度过小，洗脱剂流速过慢，会延长分离时间。大多数吸附剂都有较强的吸水能力，因此会降低其吸附活性，所以使用前需加热活化。

在提取中药有效成分的分离过程中，最常用的固定相吸附剂是氧化铝。

① 硅胶硅胶是中性多孔性微粒，可用于分离各种有机物，是应用最为广泛的固定相吸附剂。 硅胶分子中具有硅氧交联结构，表面有许多具有吸附力的活性硅醇基基团，硅醇基可以与极性化合物或不饱和化合物形成氢键，或者其他形式的作用，因此硅胶吸附能力的强弱取决于硅醇基含量的多少。

水能与硅胶表面的羟基形成氢键而降低硅胶的吸附活性，所以硅胶在使用前应加热活化，一般加热温度在 100 ~ 110℃之间，以除去表面吸附的水分。硅胶加热温度不宜过高，如果温度超过 500℃以上，硅醇基结构会脱水缩合为硅氧烷结构，大大降低其吸附能力。

② 柱色谱使用的氧化铝有酸性、中性、碱性三种。酸性氧化铝 pH 约为 4 ~ 5，适合于分离羧酸、氨基酸等酸性物质；中性氧化铝 pH 值约为 7.5，用于分离中性物质如生物碱、挥发油、萜类、甾体及在酸碱中不稳定的苷类、内酯类化合物，应用范围最广；碱性氧化铝 pH 为 9 ~ 10，用于分离生物碱、胺和其它碱性化合物。

氧化铝随着表面含水量的不同而分成各种活性等级。使用前也须脱水活化，通常于400℃高温下加热6h，可以得到Ⅰ级或Ⅱ级氧化铝。

以氧化铝作为固定相吸附剂时，对有机物的吸附作用存在多种形式，如成盐作用、配位作用、氢键作用、偶极作用或范德华力作用。有机物的极性越强，在氧化铝上的吸附就越强。

（2）柱色谱洗脱剂的选择

选择柱色谱洗脱剂的原则是：溶解度大、毒性小、易挥发且与样品中各组分及吸附剂之间不会发生化学反应的有机溶剂。洗脱剂的选择非常重要，欲达到良好的分离效果，一定要考虑被分离物质中各组分化合物的极性、溶解度以及吸附剂的活性等几方面的因素。

在中药有效成分的分离过程中，首先使用薄层色谱技术，摸索最适合的分离条件，作为柱色谱分离的洗脱剂。一般情况下，洗脱时先使用极性小的溶剂，然后逐渐增大洗脱剂的极性，也可以选用几种溶剂按照一定比例混合，采用梯度洗脱的方法，使之达到最佳的分离效果。

（3）柱子通常使用常压和加压两种压力。压力可以增加洗脱剂的流动速度，减少产品收集的时间，但是会减低柱子的塔板数。所以其他条件相同的时候，常压柱是效率最高的，但是时间也最长。加压柱是一种比较好的方法，与常压柱类似，只不过外加压力使洗脱剂走的快些，特别是在容易分解的样品的分离中适用。压力的提供可以是压缩空气，双连球或者小气泵，但压力不可过大，不然溶剂走的太快就会减低分离效果。

（4）柱子的尺寸，一般来说是越粗越长，效果越好。柱子越长，相应的塔板数就高。柱子越粗，上样后样品的原点就小（即在柱子中的样品层比较薄），这样就减小了分离的难度。但是具体的选择要具体分析，如果所需组分和杂质分的比较开（是指在所需组分比移值 R_f 在0.2～0.4，杂质相差0.1以上），就可以少用硅胶，用小柱子（例如，200mg的样品，用2cm×20cm的柱子）；如果相差不到0.1，就要增加柱子的直径，也可以减小洗脱剂的极性等。

（5）无水无氧柱适用于对氧、水敏感，易分解的产品，可以用干柱，也可以用湿柱。如果是干柱的话，则在上样之前至少要用溶剂把柱子饱和一次，因为溶剂和硅胶饱和时放出的热量有可能是产品分解。

（6）湿柱一般用洗脱剂溶解样品，也可以用二氯甲烷、乙酸乙酯等，但溶剂越少越好。有些样品溶解性差，能溶解的溶剂（比如DMF，DMSO等），会随着溶剂一起走，这时就必须用干法上柱。溶剂通常选择廉价、安全、环保的石油醚、乙酸乙酯等。在过完柱子后，溶剂最后回收要采用常压，因为在减压旋蒸时会有部分低沸点的杂质一起出来，常压时就会减少这种现象。

（7）装完的柱子应该要有适度的紧密性、均匀，不能见到气泡，更不能有开裂现象。

（8）加入洗脱剂，一开始不要加压，等溶样品的溶剂和样品层有一段距离（2 ~ 4cm）时再加压，这样能避免溶剂（如二氯甲烷等）夹带样品快速下行。

3.1.7 薄层色谱分离实验

3.1.7.1 实验原理

薄层色谱（Thin Layer Chromatography，TLC），又称薄层层析，属于固 – 液吸附色谱。样品在薄层板上的吸附剂（固定相）和溶剂（移动相）之间进行分离。由于各种化合物的吸附能力各不相同，在展开剂上移时，它们进行不同程度的解吸，从而达到分离的目的。薄层色谱可被用于化合物的定性检验、快速分离少量物质、跟踪反应进程、判断反应是否完成以及化合物纯度的检验等。

在条件完全一致的情况下，纯的化合物在薄层色谱中呈现一定的移动距离，称比移值（R_f 值），所以利用薄层色谱法可以鉴定化合物的纯度或确定两种性质相似的化合物是否为同一物质。但影响比移值的因素很多，如薄层的厚度，吸附剂颗粒的大小，酸碱性，活性等级，外界温度和展开剂纯度、组成、挥发性等。所以，要获得重现的比移值就比较困难。为此，在测定某一试样时，最好用已知样品进行对照。

$$R_f = \frac{\text{溶质最高浓度中心至原点中心的距离}}{\text{溶剂前沿至原点中心的距离}}$$

3.1.7.2 实验装置图（图 3–9）

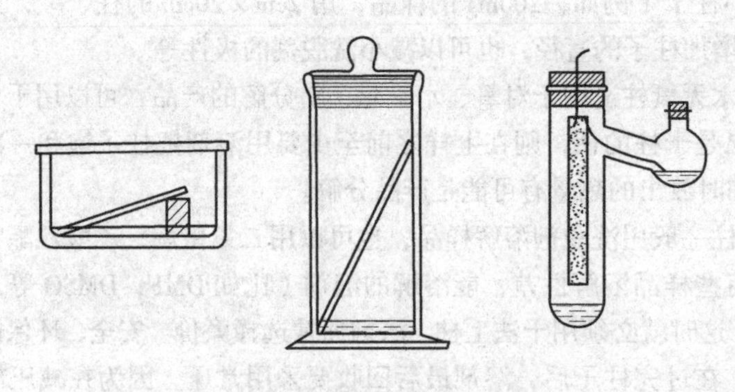

图 3–9　薄层色谱分离实验装置

3.1.7.3　实验步骤

（1）制板

选择表面平整、光滑的玻璃板洗净、干燥。取适量薄层用固定相支持剂，加适量蒸馏水调成糊状，调制时慢慢搅拌，切勿产生气泡。将调好的支持剂倒在玻璃板上，摇动摊平或用一根玻棒碾压推展，使其在整块玻璃板上分布均匀形成厚度适中的薄层。薄层板制作完成后，自然干燥备用。若需要活化，可以将薄层板放入烘箱内加热，以减少其水分而具有更高的吸附能力，冷却后备用。

（2）点样

首先用尽可能少量的展开剂溶解样品，然后用毛细管蘸取试样溶液，点在距离薄层板一端 1 ~ 2cm 处，注意各样点要保持在同一平行线上，点样量不宜过多，样品点不宜过密，展开后分离效果才好。

（3）展开

吹干样点，将薄层板倾斜放入盛有展开剂的带盖的容器中。最常用的展开方式为上行法，注意展开剂要接触到吸附剂下沿，但切勿接触到样点。展开时要将盖上盖子，避免溶剂挥发。待展开剂行至适当高度，即可取出层析板。

（4）显色

利用薄层色谱展开后，若样品本身有颜色可直接观察斑点所在位置，进行结果分析。若样品为无色物质，则须使用显色剂显色。如果在薄层用硅胶中添加了荧光物质，在紫外灯照射下，有紫外光吸收的物质会呈现暗斑，通过这种方法可鉴别归属各种有紫外吸收的物质。此外，还可以将展开后的层析板放入盛有少量单质碘的瓶子内，薄层板上各样品组分因吸收了挥发出的碘而呈现黄色或棕色斑点，以此作为鉴定归属的依据。如果薄层板由无机物制成，则可以使用强腐蚀性显色剂，如硫酸、硝酸、铬酸或者它们的混合物。由于强腐蚀性显色剂可以使所有有机化合物碳化，在薄层板上形成黑色斑点，便于进行定性分析，但是经过强腐蚀性显色剂处理后的薄层不可用于定量分析。

（5）定性和定量分析

薄层色谱和纸色谱都采用 R_f 值来描述各组分的移动速率。首先确定被分离物质在薄层上的色带位置，量出展开剂和各组分的移动距离，计算各组分的 R_f 值，与已知标准物质的 R_f 对照，即可进行定性分析。

定量分析时，首先确定各个组分的色带位置，用刮刀将支持剂连同物质一起刮下，然后用适量溶剂溶解，过滤除去支持剂，收集洗脱液，以便测定各组分的含量。目前最先进的方法是采用薄层扫描仪进行定量分析。

3.1.7.4　操作要点及注意事项

① 载玻片应干净且不被手污染，吸附剂在玻片上应均匀平整。

② 点样不能戳破薄层板面，各样点间距 1 ~ 1.5cm，样点直径应不超过 2mm。

③ 展开时，不要让展开剂前沿上升至底线。否则，无法确定展开剂上升高度，即无法求得 R_f 值和准确判断粗产物中各组分在薄层板上的相对位置。

④ 对于极性较小的被分离试样组分，应选用活性较强的吸附剂，极性较小的展开剂；对于极性较大的被分离试样组分，应选用活性较弱的吸附剂，极性较大的展开剂。

3.1.8　叶绿素提取与分离

3.1.8.1　实验原理

叶绿素的提取原理：叶绿素等是脂溶性的有机分子，根据相似相溶的原理，叶绿体中含有叶绿素（叶绿素 a 和 b、胡萝卜素以及叶黄素）等色素分子溶于有机溶剂而不溶于有极性的水。故在研磨和收集叶绿素时要用丙酮或乙醇等有机溶剂提取而不用水。

色素分离原理：纸层析是用滤纸作为载体的一种色层分析法，其原理主要是利用混合物中各组分在流动相和固定相的分配比的不同而使之分离。滤纸上吸附的水为固定相，有机溶剂如乙醇等为流动相，色素提取液为层析试样。把试样点在滤纸的滤液细线位置上，当流动相溶剂在滤纸的毛细管的作用下，连续不断地沿着滤纸前进通过滤液细线时，试样中各组分便随着流动相溶剂向前移动，并在流动相和固定相溶剂之间连续分配。结果分配比比较大的物质移动速度较快，移动距离较远；分离比较小的物质移动较慢，移动距离较近，试样中各组分分别聚集在滤纸的不同位置上，从而达到分离的目的。

3.1.8.2　实验装置图（图 3-10）

3.1.8.3　实验步骤

（1）叶绿素的提取

在研钵中放入约 5g 菠菜叶（新鲜的或冷冻的都可以，如果是冷冻的，则解冻后包在纸中轻压吸走水分）和少量碳酸钙与石英砂。加入 10mL 石油醚和丙酮的混合液（2∶1），适当研磨。将提取液用滴管转移至分液漏斗中，加入 10mL 饱

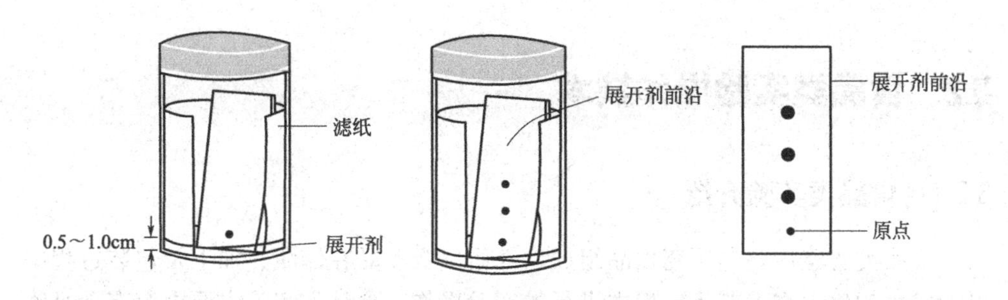

图 3-10　薄层色谱分离实验装置

和 NaCl 溶液（防止生成乳浊液）除去水溶性物质，分去水层，再用蒸馏水洗涤两次。将有机层转入干燥的小锥形瓶中，加 2g 无水 Na_2SO_4，通风处理。处理后的液体倒入另一个锥形瓶中。

（2）点样

用一根内径 1mm 的毛细管吸取适量提取液，轻轻的点在距薄板一端 1cm 处，平行点两点，两点相距 1cm 左右。若一次点样不够，可待样品溶剂挥发后再在原处点第二次，但点样斑点直径不超过 2mm。

（3）展开

先在小烧杯中放入展开剂（石油醚和丙酮 3∶1 混合），再将薄层板斜靠于层析缸内壁。点样端接触展开剂但样点不能浸没于展开剂中，密闭层析缸。待展开剂上升到距薄层板另一端约 1cm 时，取出平放，用铅笔或小针划前沿线位置，在空气中晾干或用电吹风吹干薄层。从上到下为：胡萝卜素为橙黄色、叶黄素为鲜黄色、叶绿素 a 为蓝绿色，叶绿素 b 为黄绿色。

3.1.8.4　操作要点及注意事项

① 纸层析法中所用的有机溶剂如丙酮、石油醚等，一般有挥发性、并有一定毒性，使用时要注意密封层析，避免吸入过多有害挥发物。

② 叶绿素分布于基粒的片层薄膜上，加入少许二氧化硅是为了磨碎细胞壁、质膜、叶绿体被膜和光合片层，使色素溶解于酒精中。

③ 插入层析液的滤纸条一端剪去两个角，由于液面的不同位置表面张力不同，纸条接近液面时，其边缘的表面的张力较大，层析液沿滤纸边缘扩散过快，而导致色素带分离不整齐的现象。

④ 加入的层析液要适量，滤纸放入层析缸时，色素滤液线不能接入层析液，为了防止滤纸条倒入层析液中而使层析实验失败。同时，防止因液体表面张力引起层析液沿滤纸条向上的“壁流”而导致色素溶解。

3.2 食品类实验操作技术

3.2.1 食品类实验介绍

食品类实验主要是研究食品组成、性质以及食品在储藏、加工及包装过程中可能发生的化学物理变化过程中进行的实验操作，食品类实验主要内容有食品物性测定、食品感官评价、食品组成成分分析、食品加工等。食品物性学是以食品及其原料为研究对象，研究其物理性质的一门科学，包括力学、光学、热学、电学特性等。目前研究最多的是食品的力学部分，测定食品的力学物性参数对食品加工有很大的助益。食品的感官评价是将感性的东西变成能衡量量化的理性指标，比如吃东西咸的程度，辣的程度。食品感官评价有利于食品标准化生产，以及促进产品开发。食品组成成分分析检测就是对食品所包含的化学物质种类及含量进行分析。食品加工是指直接以农、林、牧、渔业产品为原料进行的加工活动，常见的加工技术有食品微细化处理、混合、分离、浓缩、结晶、热处理、低温处理、干燥、辐照加工、生物发酵等。由于食品卫生安全不过关而引起的疾病在全球范围内非常普遍，其中由微生物侵害引发的食源性疾病占据重要地位，因而为保障食品安全，对食品进行食源性病原微生物检测非常必要，常检测的有金黄色葡萄球菌、沙门氏菌、副溶血弧菌、大肠杆菌等。

在进行上述的实验过程中需要规范实验室内仪器、设备的操作使用，按照规范进行实验，确保实验安全及食品安全。

第一，在分析检测等实验中会使用到有毒有害的化学试剂，要按照操作规范进行。操作人员使用有毒有害试剂前必须要佩戴口罩、化学安全防护手套、工作服、防护眼镜等；操作人员佩戴齐全防护用品后，应正确拿取有毒有害试剂。拿取有毒有害试剂时，一定是一个手托着试剂瓶底部，另一只手抓稳试剂瓶的上半部，防止试剂滑落；使用有毒有害试剂时，一定要在通风的场所中操作，一般在通风橱中操作，操作时通风橱的玻璃门一定要拉到面部以下才能打开有毒有害试剂的瓶口；使用完有毒有害试剂后，实验用具要及时清洗，桌面应用干净的布擦净，操作人员也要清洗手部。

第二，对于一些容易对实验人员产生伤害的操作要有防范措施。如在对大量食品原料进行微细化处理过程中，有可能会产生一定浓度的粉尘，有引发粉尘爆炸的风险。这就需要在通风条件好或者有除尘设备的场地进行，及时清理沉积的粉尘。在食品加工过程中经常使用高温条件，如干燥、油炸、杀菌等过程，要有措施防范人员被烧烫到。在进行辐照加工过程中要有严格辐射防护，避免人员辐射，避免受辐照产品产生感生放射性。

第三，在使用一些加工设备前要对其进行检查，避免一些机械故障导致人员伤害。如粉碎机、搅拌机、挤压机、离心机等，在使用前检查是否正常。在使用中出现停止工作、有异响等故障情况时，首先要及时断电，再去检修。

第四，食品实验室产生的废弃物多种多样，其中主要的有加工的下脚料、剩余物等，有含水率高、有机质比例高、易腐烂等特点。废弃物要分类收集，及时处理，否则废弃物腐烂变质的速度很快，易产生不良气味，滋生蚊虫，从而对实验室环境卫生造成恶劣影响。而且未经处理过的食品废弃物中可能含有口蹄疫病原体、非洲猪瘟病菌等有害病菌，特别是高温季节能导致病原微生物等有害物质迅速大量繁殖。如果直接用以饲养禽畜，会对畜禽健康形成较大威胁，并可能通过在禽畜体内毒素、有害物质的积累对人体健康带来极大危害，从而造成人畜之间的交叉传染。食品微生物检测中所有的微生物培养物及可能被其污染的物品必须高压灭菌或焚烧后才能扔掉。

3.2.2 油脂过氧化值、酸价、碘值测定

食用油脂主要是由多种脂肪酸组成的甘油三酯以及游离脂肪酸、磷脂、脂溶性维生素等组成，是人们膳食中不可或缺的重要组成部分。油脂是人体所需热量的来源之一，可以供给人体必需的脂肪酸、脂溶性维生素，赋予食物特有的风味，增加人们的食欲，还能在体内起调节水分蒸发、保护内脏、保温等作用。食用油脂由于含有杂质，在空气、日光、微生物及酶的作用下容易发生化学变化，改变油脂的品质，甚至产生对人体有害的物质。因而，对油脂的检测非常必要，常检测的指标有过氧化值、酸价及碘值等。

过氧化值（POV）是指 1kg 油脂中所含过氧化物的量（mmol）。过氧化物是脂类氧化的初级产物，因而过氧化值一般用来表示油脂的氧化程度。新鲜精制的油脂其过氧化值一般会低于 1，过氧化值升高表明油脂开始氧化，当过氧化值超过一定值时，氧化进入显著阶段，油脂变质为劣质油。过氧化值的测定常采用碘量法，即通过过氧化物与碘化钾作用能析出游离碘，用硫代硫酸钠标准溶液可以滴定游离碘，根据其消耗的体积可计算出过氧化值。

酸价（AV）是指中和 1g 油脂中游离脂肪酸所需要的氢氧化钾质量（mg）。酸价的大小可以直接表明油脂的新鲜程度和质量的好坏，这是因为新鲜油脂的酸价很小，而随着储藏时间的延长及油脂的酸败，酸价不断增大。因而酸价是检验油脂质量的重要指标，我国食品卫生标准规定，食用植物油脂的酸价不能超过 5。酸价的检测用中性乙醇 / 乙醚混合溶剂溶解油样，再用碱标准溶液滴定其中的游

离脂肪酸，根据油样质量和消耗碱液的量计算油脂酸价。

碘值（IV）是指 100g 油脂吸收碘的质量（mg），可以用来判断油脂中脂肪酸的不饱和程度，油脂中的双键越多，不饱和程度越大，碘值越大。不同的油脂其碘值不一样，一般植物油的碘值较大，而动物油脂的碘值较小，如猪油的碘值为 55 ~ 77，花生油的碘值为 84 ~ 103。根据碘值的大小可以把油脂分为干性油脂（180 ~ 190）、半干性油脂（100 ~ 120）以及不干性油脂（<100）。

3.2.2.1　过氧化值的测定

（1）试剂

① 三氯甲烷 / 冰乙酸混合液：三氯甲烷 40mL 与冰乙酸 60mL 混合均匀。

② 饱和碘化钾溶液：必须是新配制，不能含有游离碘及碘酸盐，取碘化钾 144g，加水 100mL，贮存于棕色瓶中。

③ 硫代硫酸钠标准溶液：浓度为 0.002mol/L。

④ 淀粉指示剂：10g/L。

（2）实验步骤

① 称取 2.00 ~ 3.00g 混匀的样品，置于 250mL 碘量瓶中，加 30mL 三氯甲烷 / 冰乙酸混合液，使样品完全溶解。

② 加入 1.00mL 饱和碘化钾溶液，紧密塞好瓶盖，并轻轻振摇 0.5min，然后在暗处放置 3min。取出加 100mL 水，摇匀，立即用硫代硫酸钠标准溶液滴定至淡黄色时，加 1mL 淀粉指示剂，继续滴定至蓝色消失为终点。同时，取相同量三氯甲烷 / 冰乙酸溶液、碘化钾溶液、水，按同一方法，做试剂空白试验。

结果计算：

$$\text{过氧化值} = \frac{(V_1 - V_2)\,c}{m} \times 1000\ (\text{mmol/kg})$$

式中：V_1——样品消耗硫代硫酸钠标准滴定溶液体积，mL；

V_2——试剂空白消耗硫代硫酸钠标准滴定溶液体积，mL；

c——硫代硫酸钠标准滴定溶液的浓度，mol/L；

m——试样质量，g。

3.2.2.2　酸价的测定

（1）试剂

① 氢氧化钾标准溶液：0.1mol/L。

② 中性乙醚 / 乙醇混合溶液：乙醚与乙醇按 2∶1 的比例混合，在使用前用 0.1mol/L 的碱滴定至中性。

③ 指示剂：1g/100mL 酚酞乙醇溶液，2g/100mL 碱性蓝 6B 或百里酚酞（适用于深色油脂）。

（2）实验步骤

① 称取混匀试样 3 ~ 5g 加入到锥形瓶中，加人中性乙醚、乙醇混合溶剂 50mL，摇动使试样溶解，再加 3 滴酚酞指示剂。

② 用 0.1mol/L 氢氧化钾标准溶液滴定至变色，在 15s 内不消失，即为终点，记下消耗的氢氧化钾标准溶液体积。

结果计算：

$$酸价=\frac{Vc\times 56.1}{m}\ (\text{mg/g})$$

式中 V——样品消耗氢氧化钾溶液体积，mL；

c——氢氧化钾标准滴定溶液的浓度，mol/L；

m——试样质量，g；

56.1——氢氧化钾的摩尔质量，g/mol。

3.2.2.3 碘值的测定

（1）试剂

① 碘化钾溶液：不能含有游离碘及碘酸盐，10g/100mL。

② 淀粉溶液：将 5g 可溶性淀粉与 30mL 水混合，加入 1000mL 沸水，煮沸 3min，然后冷却。

③ 硫代硫酸钠标准溶液：0.1mol/L，标定后在 7d 内使用。

④ 环己烷 / 冰乙酸混合溶剂：等体积混合。

⑤ 韦氏试剂：称取 9g 氯化碘溶解在 700mL 冰乙酸和 300mL 环己烷的混合液中。取 5mL 溶液，加 5mL 10g/100mL 碘化钾溶液和 30mL 水，加几滴淀粉溶液作为指示剂，用 0.1mol/L 硫代硫酸钠标准溶液滴定析出的碘，滴定体积记作 V_1。加 10g 纯碘于含 9g 氯化碘的冰乙酸 / 环己烷中，使其完全溶解。如上法滴定，滴定体积记作 V_2。V_2/V_1 应大于 1.5，否则可稍加一点纯碘直至 V_2/V_1 略超过 1.5。将加好纯碘的溶液静置后取上层清液倒入具塞棕色试剂瓶中，置于暗处保存。

（2）实验步骤

① 将称好的样品放入 500mL 碘量瓶中，加入 20mL 环己烷和冰乙酸混合溶剂溶解试样，用大肚吸管准确加入 25mL 韦氏试剂，盖好塞子，摇匀后将锥形瓶置于暗处 1 ~ 2h，同时，用溶剂和试剂制备空白试液做空白实验。

② 反应时间结束后加 20mL 碘化钾溶液和 150mL 水。用硫代硫酸钠标准溶液滴定至浅黄色。加几滴淀粉溶液继续滴定，直到剧烈摇动后蓝色刚好消失。

结果计算：

$$过氧化值=\frac{(V_1-V_2)c\times0.1269}{m}\times100\ (\mathrm{mmol/kg})$$

式中 碘值——每100g试样中含碘的质量，g/100g；

V_1——试样用去的硫代硫酸钠溶液体积，mL；

V_2——空白试验用去的硫代硫酸钠溶液体积，mL；

c——硫代硫酸钠溶液的浓度，mol/L；

m——试样质量，g；

0.1269——1mmol $1/2I_2$ 的质量，g/mmol。

（3）注意事项

在实验过程中会使用到三氯甲烷、单质碘等容易挥发的、有一定危害性的化学物质，需要在通风橱中进行，戴口罩、防护眼镜、手套等。

3.2.3 食品流变性和质构测定

食品流变学是研究食品的流动和变形的科学，食品流变学是食品、化学、流体力学间的交叉学科， 主要研究的是食品受外力和形变作用的结构食品的流变性质与食品的化学成分、分子构造、分之内结构、分之间结合状态、分散状态以及组织结构有很大的关系。食品流变性质对食品的运输、传送、加工、产品加工设计以及人在咀嚼食物时的满足感等都起着非常重要的作用。研究食品流变特性可用于对食品成品及半成品的质量控制，如在面包的制作过程中控制面团的流变性质从而达到对面包质量的控制；食品加工过程中很多操作都与流变性有很大的关联，如混合、搅拌、压榨、过滤均质、整形、输送、成型、喷雾等，对食品的流变特性进行研究可以优化食品生产的工程设计、单元操作以及工艺设计开发；食品的流变特性可以与感官评价相结合，定量评价食品的品质，实现食品的标准化生产；通过调节食品加工过程中的流变特性可以达到改善食品组织结构的目的，使食品的口感更佳。

食品的形态非常复杂，一般将食品简化为黏性液态食品和黏弹性食品以方便研究。其中黏性液态食品是指具有流体性质的食品，符合牛顿黏性定律的液态食品称为牛顿流体，不符合的称为非牛顿流体。黏弹性食品是指即具有固体的弹性，又具有液体食品黏性的食品。

对液态食品来说，最主要的流变参数是黏度，黏度可分为剪切黏度、延伸黏度以及体积黏度。黏度对改善食品的品质及提高食品的加工性能有很大影响。因而黏度测量是研究液态食品物性的重要手段。黏度一般是选用黏度仪进行测定，常用的测定仪器有：毛细管黏度计、圆筒旋转黏度仪、锥板旋转黏度仪、落球式黏度仪和平行板黏度仪等。

黏弹性食品一般具有一定形状的组织结构或者网格结构，在外力作用下会发生变形、屈服、断裂、流动等现象。对黏弹性食品的流变性能进行测定有利于加工，如混合、搅拌、挤压、成型等。黏弹性食品静态流变参数测定一般会采用压缩实验法、穿孔实验法、挤压实验法等方法测定。目前常用质构仪来测定食品的物性，质构仪有五种基本模式：压缩实验、穿刺实验、剪切实验、弯曲实验以及拉伸实验，这些模式通过不同的运动方式和配置不同形状的探头来实现。压缩实验就是柱形（或圆盘形）探头接近样品时对样品进行压缩，直到达到设定的目标位置，之后返回，可用于面包、蛋糕类烘焙制品及肉制品的硬度、弹性测试。穿刺实验是使用底面积小的柱形探头穿过样品表面，继续穿刺到样品内部，达到设定的目标位置后返回，可用于果蔬类产品的表皮硬度、果肉硬度的测定，判断水果的成熟度。剪切实验是使用刀具探头对样品进行剪切，达到目标位置后返回，可用于鱼肉、火腿等肉制品的嫩度、韧性和黏附性的测定。弯曲实验是使用探头对样品进行下压弯曲施力，样品受挤压断裂后返回，可用于硬质面包、饼干、巧克力棒等烘焙产品的断裂强度、脆度等测定。拉伸实验就是将样品固定在拉伸探头上，对样品进行向上拉伸，达到设定拉伸距离后返回，可用于面条的弹性、抗张强度及伸展性测试。

3.2.3.1　旋转黏度计测定搅拌型酸奶的黏度

（1）材料

搅拌型酸奶。

（2）仪器

DNJ-1型旋转黏度计，恒温水浴锅，电子天平，直流调速翼型搅拌器。

（3）实验步骤

① 量取495mL蒸馏水加入500mL烧杯中，置于10℃恒温水浴锅中，将直流调速翼型搅拌器放入烧杯中，以150r/min的转速搅拌1h。

② 取出烧杯，选择转子和转速组合，黏度大的样品，使用面积小的转子和较低的转速；对于低黏度的样品，情况相反。如用3号转子以12r/min的转速进行黏度测定，测定后将烧杯继续置于10℃恒温水浴锅中用直流调速翼型搅拌器搅拌，每隔0.5h重复测定一次，直至黏度计读数达到最大值并明显下降为止。每次测定时连续读取3个测试值，并计算平均值。

结果计算：

$$\eta=K\theta$$

式中　η——样品黏度，mPa·s；

K——系数，如3号转子和4号转子以12r/min的转速时分别为100、500；

θ——旋转黏度计指针最大平均值。

3.2.3.2 质构仪测定果胶凝胶的性能

（1）材料、试剂

果胶、蔗糖、柠檬酸、磷酸氢二钠、硫酸铜。

（2）仪器

分析天平，Texture Analyser X-T211 型质构仪。

（3）实验方法

① 金属离子对凝胶质构性能的影响。称取 1g 果胶和 30g 蔗糖于 250mL 烧杯中，加入 100mL pH 为 4 的柠檬酸 / 磷酸氢二钠缓冲溶液，在 80℃水浴中加热搅拌 20min，使果胶和蔗糖充分溶解后分别加入 0 和 1.5mL 的 10mg/mL 硫酸铜溶液，充分搅拌，待凝胶形成后，室温下静置 24h。观察凝胶形成状况，考察金属离子对凝胶性能的影响。

② 果胶浓度对凝胶质构性能的影响。分别称取 0.3g、0.5g、1g、1.5g 果胶和 30g 蔗糖于 250mL 烧杯中，加入 pH 为 4 的柠檬酸 / 磷酸氢二钠缓冲溶液 100mL，在 80℃水浴中加热搅拌 20min，使果胶和蔗糖充分溶解后加入 1.5mL 的 10mg/mL 硫酸铜溶液，充分搅拌，待凝胶形成后，室温下静置 24h。测定其凝胶性能曲线，考察果胶浓度对凝胶性能的影响。

③ 糖的浓度对凝胶质构性能的影响。称取 1g 果胶和 10g、20g、30g、40g 蔗糖于 250mL 烧杯中，加入 pH 为 4 的柠檬酸 / 磷酸氢二钠缓冲溶液 100mL，在 80℃水浴中加热搅拌 20min，使果胶和蔗糖充分溶解后加入 1.5mL 的 10mg/mL 硫酸铜溶液，充分搅拌。待凝胶形成后，室温下静置 24h。测定其凝胶性能曲线，考察蔗糖浓度对凝胶性能的影响。

④ 体系 pH 值对凝胶质构性能的影响。称取 1g 果胶和 30g 蔗糖于 250mL 烧杯中，分别加入 100mL pH 值分别为 2.0、4.0、6.0 和 8.0 的柠檬酸 / 磷酸氢二钠缓冲溶液，在 80℃水浴中加热搅拌 20min，使果胶和蔗糖充分溶解后加入 1.5mL 的 10mg/mL 硫酸铜溶液，充分搅拌，待凝胶形成后，室温下静置 24h。测定其凝胶性能曲线，考察体系 pH 值对凝胶性能的影响。

3.2.4 食品非酶褐变 - 美拉德反应对食品风味、色泽的影响

非酶褐变反应主要是指碳水化合物在热的作用下发生的一系列化学反应，产生了大量的有色成分和无色成分，挥发性和非挥发性成分。由于非酶褐变反应的结果使食品产生了褐色，故将这类反应统称为非酶褐变反应。美拉德（Maillard）反应又称为羰氨反应，指食品体系中含有氨基的化合物与含有羰基的化合物之间

发生反应而使食品颜色加深的反应，是一种非酶褐变反应。羰氨反应的过程复杂，可分为 3 个阶段。

① 初始阶段：包括羰基缩合与分子重排，羰氨反应的第一步是含氨基的化合物与含羰基的化合物之间缩合而形成 Schiff 并随后环化成为 *N*- 葡萄糖基胺，再经 Amadori 分子重排生成果糖胺，果糖胺进一步与一分子葡萄糖缩合生成双果糖胺。

② 中间阶段：重排后地果糖胺进一步降解的过程。A 果糖胺脱水生成羟甲基糠醛，羟甲基糠醛积累后导致褐变，B 果糖胺重排形成还原酮，还原酮不稳定，进一步脱水后与氨类化合物缩合。C 氨基酸与二羰基化合物作用。

③ 终止阶段：中间阶段的产物与氨基化合物进行醛基 - 氨基反应，最终生成类黑精产物，形成褐色素。

对许多加工食品而言，美拉德反应是所期望的，因为能产生所需要的香气和色泽，如亮氨酸与葡萄糖在高温下反应，能够产生令人愉悦的面包香。但是有的时候美拉德反应又需要尽量避免，如脱水果蔬的褐变、脱水的蛋粉、乳粉的褐变及油炸薯条的褐变等。美拉德反应还会使食品营养价值降低，美拉德反应发生后，氨基酸与糖结合造成了营养成分的损失，蛋白质与糖结合，结合产物不易被酶利用，营养成分不被消化。进行美拉德反应实验能够帮助人们深入了解其机理及影响因素，使食品科研工作者能够利用该反应开发出符合消费者需求的产品。

3.2.4.1　实验材料及试剂

50° Brix 的转化糖溶液、10% 甘氨酸、pH3 ~ 8 的柠檬酸 / 磷酸二氢钠缓冲液（0.1mol/L）、20% 甘氨酸、25% 谷氨酸钠、饱和赖氨酸溶液、25% 半胱氨酸盐酸盐、25% 葡萄糖、25% 阿拉伯糖。

3.2.4.2　实验仪器

恒温水浴锅、电磁炉、不锈钢锅、紫外 - 可见分光光度计、比色计、分析天平。

3.2.4.3　各因素对美拉德反应的影响

（1）确定美拉德反应呈色标准管

取 50mL 具塞试管 1 支，分别加入 50° Brix 的转化糖 4mL、10% 甘氨酸 1mL 以及 pH 为 8 的缓冲液 1mL，充分混合后加塞沸水浴处理 30min，迅速冷却，加 10mL 蒸馏水稀释后，再 420nm 比色确定该溶液呈色物质的吸光度值。

（2）pH 对美拉德反应的影响

取试管 6 支，按步骤（1）中分别加入转化糖、甘氨酸以及 pH 分别为 3、4、5、6、7、8 的缓冲液 1mL，充分混合后加塞沸水浴处理 30min，迅速冷却，加 10mL 蒸馏水稀释后，再420nm比色确定该溶液呈色物质的吸光度值。

（3）温度的影响

取试管1支，按步骤（1）中分别加入转化糖、甘氨酸以及pH为8的缓冲液1mL，充分混合后加塞70℃水浴处理30min，迅速冷却，加10mL蒸馏水稀释后，再420nm比色确定该溶液呈色物质的吸光度值。

（4）亚硫酸氢钠的影响

取试管1支，按步骤（1）中分别加入转化糖、甘氨酸以及pH为8的缓冲液1mL，并另加0.1g亚硫酸氢钠，充分混合后加塞沸水浴处理30min，迅速冷却，加10mL蒸馏水稀释后，再420nm比色确定该溶液呈色物质的吸光度值。

（5）甘氨酸的影响

取试管1支，按步骤（1）中分别加入转化糖、pH为8的缓冲液1mL，另加1mL蒸馏水，充分混合后加塞沸水浴处理30min，迅速冷却，加10mL蒸馏水稀释后，再420nm比色确定该溶液呈色物质的吸光度值。

（6）空白

取试管1支，按步骤（1）中分别加入转化糖、pH为8的缓冲液1mL，另加1mL蒸馏水，充分混合后加塞25℃水浴处理30min，迅速冷却，加10mL蒸馏水稀释后，再420nm比色确定该溶液呈色物质的吸光度值。

3.2.4.4 美拉德反应进程

（1）香气的形成

取3支试管，分别加入3mL的20%甘氨酸、25%谷氨酸钠及饱和赖氨酸溶液，取另1支试管加入2mL的20%谷氨酸以及25%半胱氨酸盐酸盐，然后分别加入1mL的25%葡萄糖溶液，加热至沸腾，观察颜色的变化及香气的产生，再加热至近干，进一步观察颜色的变化并辨别所产生的香气。用25%的阿拉伯糖代替葡萄糖重复操作一次，记录香气的类型，讨论产香机制并辨别香气的异同点。

（2）颜色的形成

取3支试管，分别加入50° Brix的转化糖4mL、10%甘氨酸1mL以及pH为8的缓冲液1mL，充分混合后加塞，分别沸水浴处理10min、20min、30min，迅速冷却，加10mL蒸馏水稀释后，分别测定其在280nm、420nm的光吸收，以该溶液的25℃处理的吸光值做空白。

3.2.5 食品中金黄色葡萄球菌的检验

葡萄球菌在自然界分布极广，空气、土壤、水、饲料、食品（剩饭、糕点、牛奶、肉品等）以及人和动物的体表黏膜等处均有存在，大部分不致病，也有一些致病的葡萄球菌。金黄色葡萄球菌是葡萄球菌属一个种，在空气、水、灰尘及人和动物的排泄物中都能找到，食品受到其污染的机会很多。美国疾病控制中心报告显示，由金黄色葡萄球菌所引起的感染占第二位，仅次于大肠杆菌。金黄色葡萄球菌可引起皮肤组织炎症，还能产生肠毒素。如果在食品中大量生长繁殖，产生毒素，人误食了含有毒素的食品，就会发生食物中毒，故食品中存在金黄色葡萄球菌对人的健康是一种潜在危险，检查食品中金黄色葡萄球菌及数量具有实际意义。金黄色葡萄球菌能产生凝固酶，使血浆凝固，多数致病菌株能产生溶血毒素，使血琼脂平板菌落周围出现溶血环，在试管中出现溶血反应。这些是鉴定致病性金黄色葡萄球菌的重要指标。

3.2.5.1　实验材料

污染牛奶、胰酪胨大豆肉汤、血琼脂平板、Baird-Prker琼脂平板、营养肉汤、0.85%灭菌生理盐水、兔血浆、革兰氏染色剂。

3.2.5.2　实验器材

显微镜、恒温培养箱（37℃）、冰箱、移液管（1mL、5mL、10mL）、试管（15mm × 150mm）、锥形瓶（250mL、100mL）、培养皿、L形涂布棒、酒精灯、接种环、试管架、试管篓、灭菌锅、小试管（3mm × 50mm）。

3.2.5.3　操作步骤

（1）样品处理

吸取25mL液体样品，加入225mL灭菌生理盐水，置均质器中制成混悬液。

（2）增菌培养

① 增菌及分离培养：吸取5mL上述混悬液，接种于胰酪胨大豆肉汤50mL培养基内，置36℃ ±1℃温箱培养24h，转种血平板和Baird-Parker平板，36℃ ±1℃培养24h，挑取金黄色葡萄球菌菌落进行革兰氏染色镜检及血浆凝固酶试验。

② 形态观察：本菌为革兰氏阳性球菌，排列是葡萄球状，无芽孢，无荚膜，致病性葡萄球菌菌体较小，直径约为0.5 ~ 1μm。

在肉汤中呈浑浊生长，在胰酪胨大豆肉汤内有时液体澄清，菌量多时呈浑浊生长，血平板上菌落呈金黄色，也有时为白色，大而突起、圆形、不透明、表面光滑，周围有溶血圈。在Baird-Parker平板上为圆形、光滑凸起、湿润、直径为2 ~ 3mm，颜色呈灰色到黑色，边缘为淡色，周围为一浑浊带，在其外层有一透明圈。用接种针接触菌落似有奶油树胶的硬度，偶然会遇到非脂肪溶解的类似菌落；但无浑浊带及透明圈。长期保存的冷冻或干燥食品中所分离的菌落比典型菌落所产生的黑色较淡些，外观可能粗糙并干燥。

③ 血浆凝固酶实验：吸取 1 : 4 新鲜兔血浆 0.5mL，放入小试管中，再加入培养 24h 的金黄色葡萄球菌肉浸液肉汤培养物 0.5mL，振荡摇匀，放在 36℃ ±1℃温箱内，每半小时观察一次，观察 6h，如呈现凝固，即将试管倾斜或倒置时，呈现凝块者，被认为是阳性。同时以已知阳性和阴性葡萄球菌株及肉汤作为对照。

（3）直接计数方法

① 吸取上述 1 : 10 混悬液，进行 5 倍递次稀释，根据样品污染情况，选择不同浓度的稀释液 1mL，分别加入三块 Baird-Parker 平板，每个平板接种量分别为 0.3mL、0.3mL、0.4mL，然后用灭菌 L 棒涂布整个平板。如水分不多吸收，可将平板放在 36℃ ±1℃温箱 1h，等水分蒸发后反转平皿置 36℃ ±1℃温箱培养。

② 在三个平板上点数周围有浑浊带的黑色菌落，并从中任选 1 个菌落，接种血琼脂平板，36℃ ±1℃ 24h 培养后进行染色镜检、血浆凝固酶试验，步骤同增菌培养法。

③ 菌落计数：将三个平板中疑似金黄色葡萄球菌黑色菌落数相加，乘以血浆凝固酶阳性数，除以 5，再乘以稀释倍数，即可求出每克样品中金黄色葡萄球菌数。

3.2.5.4　注意事项

实验过程中会培养感染性微生物金黄色葡萄球菌，因而在实验过程中要注意防护，谨慎操作，防止病原性微生物形成感染性气溶胶在空气中扩散，造成实验人员因吸入污染的空气而被感染。如在使用注射器的时候，推进空气调整注射器容量时会产生气溶胶，从橡皮塞中拔出针头时也会产生气溶胶。因而在抽吸微生物悬液时，尽量减少泡沫的产生，推出气体时必须用棉球包住针头，吸有微生物悬液的注射器针头也应用棉球包好，以防推动管芯将悬液喷出。在进行接种的时候也容易产生气溶胶，所以在打开菌种管时，可用挤干酒精的棉球围住安瓿颈部防止气溶胶散出，将安瓿颈部烧热，用冷的湿棉球使之破裂，可大大减少气溶胶的产生。

3.3　微生物类实验操作技术

3.3.1　微生物基本实验操作安全规范

微生物实验室的布局和设计应考虑良好的微生物操作和安全。本质是最大程度地减少微生物菌种的交叉污染，微生物样本的处理环境也很重要，因为环境也能引起污染的可能。规范微生物实验室内仪器、设备的安全操作及染菌的微生物培养物处理程序，保证微生物实验室安全操作意义重大。

3.3.1.1 高压灭菌锅的安全使用操作规范

① 堆放：将需灭菌的物品予以妥善包扎，依次堆放在灭菌锅。需灭菌物品外需黏上高压指示胶带以检验灭菌温度是否达到要求。

② 加水：在锅体内注入生活用水，水位一定要超过电热管 2cm 以上（不宜过多）；连续使用时，每次操作前，必须补足上述水位，以免烧坏电热管和意外发生。

③ 密封：在每次使用高压锅前，都必须认真检查高压锅的出气阀和安全阀，确保其状态完好，如有故障，在故障排除之前不得使用高压灭菌锅。把堆放好物品的灭菌桶放在锅体内，盖上锅盖并锁紧。

④ 加热灭菌：将灭菌器接通电源，指示灯亮，表示电源已正常输入，按下开始按钮电热管开始加热工作；灭菌期间工作人员需监视高压锅指示面板上的压力、温度和时间等。

⑤ 开盖：灭菌结束后，切勿立即将灭菌锅内的蒸汽排出，应待压力表指针归零位后，方可开启锅盖。

3.3.1.2 电炉使用操作程序及注意事项

① 将盛有液体的玻璃容器（应垫石棉网）或不锈钢器皿置于电炉上，方可打开电炉加热。

② 电炉在使用过程中应有人在场，注意观察容器内液体加热情况，避免液体溢出，造成事故。

③ 电炉使用完毕，应立即关闭电源；或离开微生物实验室时，及时拔下电源插头。

3.3.1.3 生物安全柜操作规范

① 确认玻璃窗处于关闭位置后，打开紫外灯，对安全柜内工作空间进行灭菌。灭菌结束后，关闭紫外灯。安全柜使用前后均需灭菌。

② 抬起玻璃门至正常工作位置。打开外排风机。打开荧光灯及内置风机。检查回风格栅，使之不要被物品堵塞。在无任何阻碍状态下，让安全柜至少工作 10min。

③ 用消毒液彻底清洗手及手臂。穿上工作褂，戴橡胶手套并套在袖口上，如有必要的话，戴防护眼镜和防护面罩。

④ 尽量避免使用可干扰安全柜内气流流动的装置和程序。在操作期间，避免随便移动材料，避免操作者的手臂在前方开口处频繁移动，尽量减少气流干扰。尽量不要使用明火。

⑤ 全部工作结束后，用70%的乙醇或适当的中性消毒剂，擦拭安全柜内表面，让安全柜在无任何阻碍的情况下继续至少工作5min，以清除工作区域内浮沉污染。

3.3.1.4 废弃物处理规范和注意事项

① 锐器：皮下注射针头用后不可再重复使用，包括不能从注射器上取下、回套针头护套、截断等，应将其完整地置于专用一次性锐器盒中按医院内医疗废物处置规程进行处置。盛放锐器的一次性容器绝对不能丢弃于生活垃圾中。

② 高压灭菌后重复使用的污染材料：任何高压灭菌后重复使用的污染材料不应事先清洗，任何必要的清洗、修复必须在高压灭菌或消毒后进行。丢弃前需消毒。消毒方法首选高压蒸汽灭菌，其次为2000mg/L有效氯消毒液浸泡消毒。

3.3.1.5 其他注意事项

① 接触微生物或含有微生物的物品后，脱掉手套后和离开实验室前要洗手。

② 禁止在工作区饮食、吸烟、处理隐形眼镜、化妆及储存食物。

③ 只有经批准的人员方可进入实验室工作区域。实验室的门应保持关闭。

④ 实验过程中，严格按有关操作规程操作，降低溅出和气溶胶的产生。

⑤ 每天至少消毒一次工作台面，活性物质溅出后要随时用75%乙醇或巴氏消毒液消毒。

3.3.2 微生物基本实验通用操作介绍

3.3.2.1 消毒和灭菌技术

消毒（disinfection）与灭菌（sterilization）两者的意义有所不同。消毒一般是指利用物理或化学方法消灭病原菌或有害微生物的营养体，而灭菌则是指利用强烈的物理或化学方法杀灭一切微生物的营养体、芽孢和孢子。在日常生活中两者经常通用。灭菌的方法一般可分为物理灭菌和化学灭菌两大类。

（1）物理灭菌

物理灭菌是最常用的灭菌方法。主要包括热力学灭菌、过滤除菌和紫外线灭菌等。

① 热力学灭菌，又可分为干热灭菌和湿热灭菌两大类。

a. 干热灭菌。主要原理是利用高温使微生物的蛋白质凝固变性从而达到灭菌的目的。细胞内的蛋白质的凝固性与其本身的含水量有关，在菌体受热时，当环境和细胞内含水量越大，则蛋白质凝固就越快；含水量越小，凝固减慢。因此，与湿热灭菌相比，干热灭菌所需温度更高（160 ~ 170℃），时间更长（1 ~ 2h）。进行干热灭菌时最高温度不能超过180℃，否则，包扎器皿的纸或棉塞就会被烤焦，甚至引起燃烧。通常所说的干热灭菌是指利用干燥箱（或称烘箱）进行灭菌，主要用于玻璃器皿如培养皿、移液管和接种工具等的灭菌。灭菌时将被灭菌的物体用双层报纸包好或装入特制的灭菌筒内，装入箱中，不要摆的太挤，以免妨碍热空气流通。逐渐加温，使温度上升至160 ~ 170℃后保持2h。灭菌结束后，切断电源，自然降温，待箱内温度降至70℃以下后，才能打开箱门，取出灭菌物品。注意在温度降至70℃以前切勿打开箱门，以免玻璃器皿炸裂。

另外，灼烧灭菌也属于干热灭菌。在进行无菌操作时，接种工具如接种环、接种钩、接种铲、镊子等要在酒精灯火焰上充分灼烧，试管口、菌种瓶口在火焰上作短暂灼烧灭菌等。

b. 湿热灭菌。

高压蒸汽灭菌：此法是将待灭菌的物品放在一个密闭的加压灭菌锅内，通过加热，使灭菌锅隔套间的水沸腾产生蒸气。待水蒸气急剧地将锅内的冷空气从排气阀中驱尽，然后关闭排气阀，继续加热，此时由于蒸汽不能逸出，而增加了灭菌器的压力，从而使沸点增高，得到高于100℃的温度，导致菌体蛋白质凝固变性达到灭菌的目的。

在同一温度下，湿热的杀菌效力比干热大。其原因有三：一是湿热中细菌菌体吸收水分，蛋白质较易凝固，所需凝固温度降低，二是湿热的穿透力比干热大，三是湿热的蒸汽有潜热存在。1g水在100℃时，由气态变为液态时可放出2.26kJ的热量。这种潜热，能迅速提高被灭菌物体的温度，从而增加灭菌效力。

在使用高压蒸汽灭菌锅时，灭菌锅内冷空气的排除是否完全极为重要，因为空气的膨胀压大于水蒸气的膨胀压，所以，当水蒸气中含有空气时，在同一压力下，含空气蒸汽的温度低于饱和蒸汽的温度。

一般培养基用0.11MPa，121℃，20 ~ 30min可达到彻底灭菌的目的。

这种灭菌适用于培养基、工作服、橡胶制品等的灭菌，也可用于玻璃器皿的灭菌。

常压蒸汽灭菌法：在不具备高压蒸汽灭菌的情况下，常压蒸汽灭菌是一种常用的灭菌方法。对于不易用高压灭菌的培养基如明胶培养基、牛乳培养基、含糖培养基等可采用常压蒸汽灭菌。这种灭菌方法可用阿诺氏流动蒸汽灭菌器进行灭菌，也可用普通蒸汽笼进行灭菌。由于常压，其温度不超过100℃，仅能使大多数微生物被杀死，而芽孢细菌却不能在短时间内杀死，因此可采用间歇灭菌以杀死芽孢细菌，达到彻底灭菌的目的。

常压间歇灭菌是将灭菌培养基放入灭菌器内，每天加热100℃，30min，连续3d，第一天加热后，其中的营养体被杀死，将培养物取出放室温下18～24h，使其中的芽孢发育成营养体，第二天再加热100℃，30min，发育的营养体又被杀死，但可能仍留有芽孢，故再重复一次，使彻底灭菌。

煮沸消毒法：注射器和解剖器械等可用煮沸消毒法。一般微生物学实验室中煮沸消毒时间为10～15min，可以杀死细菌所有营养体和部分芽孢。如延长煮沸时间，并加入1%碳酸氢钠或2%～5%石炭酸，效果更好。人用注射器和手术器械均采用高压蒸汽灭菌或干热灭菌，或采用一次性无菌用品。

超高温杀菌：超高温杀菌（ultra high temperature sterilization，UHTS）是指在温度和时间标准分别为130～150℃和2～8s的条件下对牛乳或其他液态食品（如果汁及果汁饮料、豆乳、茶、酒及矿泉水等）进行处理的一种工艺，其最大优点是既能杀死产品中的微生物，又能较好地保持食品品质与营养价值。超高温杀菌工艺地应用，使乳制品及各种饮料等无需冷藏的理想变成了现实。从而打破了地域和季节地限制。

超高温杀菌自20世纪80年代以来已在世界各国广泛应用。我国改革开放以来，超高温杀菌也广泛应用于橘子汁、猕猴桃汁、荔枝汁、菊花茶、牛乳等生产。

② 过滤除菌：许多材料例如血清、抗生素及糖溶液等用加热灭菌消毒灭菌方法，均会被热破坏，因此可以采用过滤除菌方法。应用最广泛的过滤器主要有以下几类。

蔡氏（Seitz）过滤器：该过滤器由石棉制成的圆形滤板和一个特制的金属（银或铝）漏斗组成，分上、下两节，过滤时，用螺旋把石棉板紧紧夹在上、下两节滤器之间，然后将溶液置于滤器中抽滤。每次过滤必须用一张新滤板。根据其孔径大小滤板分为三种型号：K型最大，作一般澄清用；EK型滤孔较小，用来除去一般细菌；EK-S型滤孔最小，可阻止大病毒通过，使用时可根据需要选用。

微孔滤膜过滤器：这是一种新型过滤器，其滤膜是用醋酸纤维酯和硝酸纤维酯的混合物制成的薄膜。孔径分0.025μm，0.05μm，0.10μm，0.20μm，0.30μm，0.45μm，0.60μm，0.80μm，1.00μm，2.00μm，3.00μm，5.00μm，7.00μm，8.00μm和10.00μm。过滤时，液体和小分子物质通过，细菌则被截留在滤膜上。实验室中用于除菌的滤膜孔径一般为0.20μm，但若要将病毒除掉，则需要更小孔径的微孔滤膜。微孔滤膜不仅可以用于除菌，还可以用来测定液体或气体中的微生物，如水的微生物检查。

过滤除菌法应用十分广泛，除实验室用于某些溶液，试剂的除菌外，在微生物工业上所用的大量无菌空气及微生物工作使用的净化工作台，都是根据过滤除菌的原理设计的。

③ 紫外线灭菌。紫外线波长在 200 ~ 300nm，具有杀菌作用，其中以 265 ~ 266nm 杀菌力最强。此波长的紫外线易被细胞中核酸吸收，造成细胞损伤而杀菌，紫外线灭菌在微生物工作及生产实践中应用较广，无菌室或无菌接种箱空气可用紫外线灯照射灭菌。此外，采用 $^{60}Co-\gamma$ 射线灭菌。也已广泛用于不能进行加热灭菌的纸、塑料薄膜，各种积层材料制作的容器以及医用生物敷料皮等的灭菌。γ 射线灭菌的最大优点是：穿透力强，可在厚包装完好条件下灭菌。

（2）化学灭菌

化学药品消毒灭菌法是应用能抑制或杀死微生物的化学制剂进行消毒灭菌的方法。能破坏细菌代谢机能并有致死作用的化学药剂为杀菌剂，如重金属离子等。只是阻抑细菌代谢机能，使细菌不能增殖的化学药剂为抑菌剂，如磺胺类及大多数抗生素等。化学药品对微生物的作用是抑菌还是杀菌以及作用效果还与化学药品浓度的高低，处理微生物的时间长短，微生物的种类以及微生物所处的环境等有关。

微生物实验室中常用的化学药品有 2% 煤酚皂溶液（来苏尔），0.25% 新洁尔灭，0.1% 升汞，3% ~ 5% 的甲醛溶液，75% 乙醇溶液等。

消毒与灭菌不仅是从事微生物学和整个生命科学研究必不可少的重要环节和实用技术，而且在医疗卫生、环境保护、食品、生物制品等各方面均具有重要的应用价值。根据不同的使用要求和条件选用合适的消毒灭菌的方法。

3.3.2.2　无菌操作技术

在微生物的分离和培养过程中，必须使用无菌操作技术。所谓无菌操作技术，就是在分离、接种、移植等各个操作环节中，必须保证在操作过程中杜绝外界环境中的杂菌进入培养的容器或系统内，避免污染培养物。无菌操作技术广泛应用于微生物、组织培养及基因工程等领域。

无菌操作技术，简单地说就是在无菌环境中进行的操作，为保证获得纯净的培养物，需要考虑各种因素的影响。

（1）培养基灭菌

一般采用高压灭菌，将培养基放在高压锅中，排净冷空气后，在 121℃灭菌 20 ~ 30min，保证培养基处于无菌状态。

（2）创造无菌接种环境

无菌操作必须在无菌条件下进行。常见的无菌场所有净化工作台、接种箱和接种室。在进行操作前需将灭菌后的培养基以及接种用的酒精灯、工具等，放到接种场所，然后采用物理或化学方法进行环境处理。

① 净化工作台：操作前用75%的酒精棉球擦拭台面，然后打开紫外线灯照射消毒，并打开风机吹20 ~ 30min，将台面上含有杂菌的空气排除，保持台面处于无菌状态。

② 接种箱：操作前按照每立方米空间用10 ~ 14mL甲醛和5 ~ 10g高锰酸钾进行混合熏蒸，熏蒸时间不少于30min。或用市售气雾消毒剂进行熏蒸，每立方米空间用4 ~ 5g。接种箱中如有紫外线灯时，同时打开。

③ 接种室：灭菌方法同接种箱。为避免药害，接种前可以喷洒甲醛用量1/2的氨水来中和残留的甲醛。

（3）手消毒

先用肥皂水洗手，再用75%的酒精棉球擦拭手表面。

（4）工具灭菌

点燃酒精灯，将接种工具在酒精灯外焰上充分灼烧，杀死工具表面附着的杂菌。工具灭菌后不得再接触台面。

（5）无菌操作（以转管为例）

左手拿一支母种和一支空白PDA培养基，右手拿灭菌后的接种钩，将两个棉塞同时拔掉，夹在右手的无名指和小拇指、小拇指和掌根之间，不可将棉塞放到台面上。拔掉棉塞后，试管口要在酒精灯火焰上方3 ~ 5cm处，利用火焰封口，然后用接种钩切取少量母种，迅速通过酒精灯火焰，放到空白培养基斜面中央，轻压以防止滑动。最后塞好棉塞。

（6）培养

将接种后的菌种放到适宜的环境条件下培养。培养环境要注意消毒，防止培养过程中杂菌侵染菌种。

（7）检查

培养过程中要经常检查菌丝生长情况，发现有杂菌污染的菌种要及时挑出。

在进行微生物分离纯化以及其它无菌操作时，主动培养自己的无菌意识，加强训练，提高熟练程度，降低污染率。

3.3.2.3 菌种保藏技术

微生物菌种是宝贵的生物资源，对微生物学研究和微生物资源开发与利用具有非常重要的价值，因此菌种保藏是一项重要的微生物学基础工作，其基本任务是对已经获得的纯种微生物菌种进行收集、整理、鉴定、评价、保存和供应等工作，随着科技的进步和经济的发展，对微生物菌种资源的利用正在不断地扩大，菌种保藏工作便显得更加重要。

菌种是一个国家的重要生物资源，也是许多微生物工厂首要的生产资料。所以世界各国对微生物菌种的保藏都很重视，许多国家都成立了专门的菌种保藏机构。如美国典型培养物保藏中心（ATCC）和美国农业部菌种保藏中心（ARS），我国主要有中国典型培养物保藏中心（CTCCCAS）和中国农业微生物菌种保藏管理中心（ACCC）等。

（1）菌种保藏的目的

① 在较长时间内保持菌种的生活能力。

② 保持菌种在遗传、形态和生理上的稳定性，使菌种保持既有科学研究的价值，又有工业价值的特征。

③ 保持菌种的纯度，使其免受其它微生物（包括病毒）的侵染。

（2）菌种保藏的原理

菌种保藏的原理是采用低温、干燥、饥饿、缺氧等手段，降低微生物的新陈代谢，抑制其生命活动，使其处于休眠状态。

（3）菌种保藏的方法

采用低温、干燥、饥饿、缺氧等手段可以降低微生物的生物代谢能力，所以，菌种保藏的方法虽多，但都是根据这4个因素确定的。下列方法可根据实验室具体条件和微生物的特性灵活选用。

① 斜面低温保藏法。将菌种接种在适宜的固体斜面培养基上，待微生物菌种充分生长后，用报纸或牛皮纸包扎好，贴好标签，移至1～5℃的冰箱中保藏。

保藏时间依微生物的种类而有不同。丝状真菌、放线菌以及有芽孢的细菌间隔4～6个月转接1次，酵母菌2个月，细菌最好每月转接1次。

此法是实验室和工厂菌种室常用的保藏法。优点是操作简单，使用方便，不需特殊设备。缺点是长期保藏时需要多次转接，容易退化变异。同时，多次转接污染杂菌的机会也会增加。

培养基选择：保藏细菌时多用牛肉膏－蛋白胨培养基，保藏放线菌时多用高氏1号培养基，保藏丝状真菌时多用PDA培养基或完全培养基（葡萄糖20g，蛋白胨2g，酵母膏2g，硫酸镁0.5g，磷酸二氢钾0.46g，磷酸氢二钾1g，维生素$B_1$0.5mg，琼脂20g，蒸馏水1000mL）。一般来说，菌种保藏适于用营养较为贫瘠的培养基，因为这样可以降低生物的代谢，从而延长每次转接之间的间隔时间。

斜面长度：用于保藏菌种的培养基斜面要求适当短些，这样培养基厚一点，培养基中水分蒸发较少，可以保藏更长的时间。一般斜面长度占试管总长的1/3。

培养物要有重复：这是防止菌种丧失的最有效的方法。一般每个菌株至少保藏3管。

环境湿度：要防止冰箱中空气湿度过高而导致棉塞发霉。

特殊菌种：对于某些对低温特别敏感的菌种，只能在较高的温度下保藏。如草菇菌种最好在 10 ~ 15℃下保藏。

② 液体石蜡保藏法。在培养好的斜面菌种或穿刺培养的菌种表面覆盖灭菌后的液体石蜡，以减少培养基中水分的蒸发和阻止氧气进入，从而达到长期保藏的目的。

将液体石蜡分装于三角瓶中，在 0.11 ~ 0.14MPa（温度 121 ~ 126℃）下灭菌 30min，然后放在 40℃温箱中，使水气蒸发掉（由浑浊变澄清），备用。

将需要保藏的菌种，在适宜的培养基中培养，得到健壮的菌体或孢子。

在无菌条件下，用灭菌吸管吸取灭菌后的液体石蜡，注入长好菌的斜面上，其用量以高出斜面顶端 1cm 为准，使菌种与空气隔绝。将试管直立，置低温或室温下保藏。此法实用而且效果好，保藏丝状真菌、放线菌和芽孢细菌 2 年以上不会死亡，酵母菌也可以保藏 1 ~ 2 年，一般无芽孢的细菌也可保藏 1 年以上。此法的优点是制作简单，不需特殊设备，而且不需经常转接。缺点是必须直立放置，所占空间较大，同时携带也不方便。转接后由于菌体表面带有石蜡，所以第 1 次转接后往往生长较差，需进行第 2 次转接。

整个过程需要注意以下事项：

为防止棉塞发霉，可以用消毒过的橡皮塞换掉棉塞。

要在斜面露出液面时及时补充无菌石蜡。

移接后灼烧接种钩（环）时培养物容易与残存石蜡一起飞溅，要特别注意安全。

③ 滤纸保藏法。将微生物的孢子吸附在滤纸上，干燥后进行保藏的方法，称为滤纸保藏法。

将滤纸剪成 0.5cm × 1.2cm 的小纸条，装入 0.6cm × 8cm 小试管中，加上棉塞，在 0.11 ~ 0.14MPa（温度 121 ~ 126℃）下灭菌 30min，备用。

收集孢子，使孢子吸附在灭菌后的滤纸条上，重新放入试管中，塞好棉塞后放在干燥器中干燥 1 ~ 2d，除去滤纸条上多余的水分（保存滤纸条的合适含水量为 2%），试管上部用火熔封，贴好标签，放在冰箱中保藏。

丝状真菌、酵母、放线菌、细菌均可采用此法保藏，可保藏 2 年以上。辛登（Singden.J.w）于 1932 年在滤纸上保藏的双孢菇孢子，到 1968 年检查时，仍有活力。此法较液氮超低温保藏法、真空冷冻干燥保藏法简便易行，不需特殊设备。

④ 砂土管保藏法。取干净河砂加入 10% 稀盐酸，加热煮沸 30min，以去除其中的有机质。倒去盐酸后用自来水冲洗至中性，烘干，用 40 目筛除去粗颗粒后，装入 1cm × 10cm 的小试管中，每管装 1g，加棉塞后灭菌，烘干。制备孢子悬浮液，每管中加 0.5mL（一般以刚刚使砂土湿润为止）孢子液，以接种针搅拌均匀。然

后移至真空干燥器中，用真空泵抽干水分，抽干时间越短越好。

随机抽取一管进行培养检查，如果微生物生长良好而且没有杂菌生长，则可熔封管口，放入冰箱或室内干燥处保存。

此法适用于能够产生孢子的微生物如真菌或放线菌，对于不产生孢子的效果不佳。一般可保藏2年以上而不会失去活力。

⑤ 液氮超低温保藏法。液氮保藏法是目前保存微生物菌种最可靠的方法，多数国家级菌种保藏单位都采用此法。

准备安培管：用于液氮保藏的安培管，要求能耐受温度突然变化而不致破裂，因此，需要采用硼硅酸盐玻璃制造的安培管。安培管的大小通常为75mm×10mm。

加保护剂与灭菌：保存细菌、酵母菌或霉菌孢子等容易分散的细胞时，则将空安培管塞上棉塞，在压力0.11MPa、温度121℃条件下灭菌15min；若保存霉菌菌丝体则需在安培管内预先加入保护剂，如10%的甘油蒸馏水溶液或10%二甲亚砜蒸馏水溶液，加入量以能浸没以后加入的菌种块为限，而后再进行高压灭菌。

接入菌种：将菌种用10%的甘油蒸馏水溶液制成菌悬液，装入已灭菌的安培管；霉菌菌丝体则可用灭菌打孔器，从平板内切取菌落圆块，放入含有保护剂的安培管内，然后用火焰熔封。浸入水中检查有无漏洞。

冻结：将已封口的安培管以每分钟下降1℃的慢速冻结至-30℃。若细胞急剧冷冻，则在细胞内会形成冰的结晶，因而降低存活率。

保藏：经冻结至-30℃的安培管立即放入液氮冷冻保藏器的小圆筒内，然后再将小圆筒放入液氮保藏器内。液氮保藏器内的气相为-150℃，液态氮为-196℃。

恢复培养：保藏的菌种需要用时，将安培管取出，立即放入38～40℃的水浴中进行急剧解冻，直到全部融化为止。再打开安培管，将内容物移到适宜的培养基上培养。

此法除了适宜一般微生物的保藏外，对于一些用冷冻干燥法都难以保藏的微生物如支原体、衣原体、氢细菌、难以形成孢子的霉菌、噬菌体及动物细胞都可长期保藏，而且不易发生变异。缺点是需要特殊设备。

⑥ 真空冷冻干燥保藏法。

准备安培管：用于真空冷冻菌种保藏的安培管宜采用中性玻璃制造，形状可用长颈球形底的，亦称泪滴型安培管。大小要求外径6～7.5mm，长105mm，球部直径9～11mm，壁厚0.6～1.2mm，也可用没有球部的管状安培管。塞好棉塞，在压力0.11MPa，温度121℃条件下灭菌30min后备用。

准备菌种：用真空冷冻干燥法保藏的菌种保藏期可长达几年甚至几十年，为了不出现差错，所用菌种纯度要高，而且菌龄要适宜。细菌和酵母菌的菌龄要求超过对数生长期，若用对数生长期的菌种进行保藏，其存活期反而降低。一般细菌的菌龄要求 24 ~ 48h；酵母菌为 3d；形成孢子的微生物则宜保藏孢子；放线菌和丝状真菌菌龄为 7 ~ 10d。

制备菌悬液与分装：以细菌斜面为例，用脱脂牛乳 2mL 左右加入试管中，制成浓菌液，每支安培管分装 0.2mL。

冷冻：冷冻干燥器有成套的装置出售，但价格昂贵。此处介绍的是简易的方法与装置，可达到同样的目的。

将分装好的安培管放低温冰箱中冻结，无低温冰箱可用冷冻剂如干冰（固体 CO_2）酒精液或干冰丙酮液，温度可达 -70℃。将安培管插入冷冻剂，只需冷冻几分钟，即可使悬液结冰。

真空干燥：为在真空干燥时使样品保持冻结状态，需准备冷冻槽，槽内放碎冰和食盐，混合均匀，可冷至 -15℃。

抽气：一般若在 30min 内能达到 93.3Pa（0.7mmHg）真空度时，则干燥物不致溶化，以后继续抽气，几小时内，肉眼可观察到被干燥物已趋干燥，一般抽到真空度 26.7Pa（0.2mmHg），保持压力 6 ~ 7h 即可。

封口：抽真空干燥后，取出安培管，接在封口用的玻璃管上，可用 L 形五通管继续抽气，约 10min 即可达到 26.7Pa（0.2mmHg）。于真空状态下，以煤气喷灯的细火焰在安培管颈中央进行封口。封口以后，保存于冰箱或室温暗处。

此法为菌种保藏方法中最有效的方法之一，对一般生活力强的微生物及其孢子都适用，即使对一些很难保存的致病菌，如脑膜炎球与淋病球菌等亦能保存。此法适用于菌种的长期保存，一般可保存数年至几十年。缺点是设备和操作都比较复杂。

3.3.2.4　玻璃器皿的清洗

清洁的玻璃器皿是得到正确实验结果的先决条件。进行微生物学实验，必须清除器皿上的灰尘、油垢和无机盐等物质，保证不妨碍实验的结果。玻璃器皿的清洗应根据实验目的、器皿的种类、盛放的物品、洗涤剂的类别和洁净程度等不同而有所不同。

（1）各种玻璃器皿的洗涤方法

① 新玻璃器皿的洗涤：新购置的玻璃器皿含游离碱较多，应先在 2% 的盐酸溶液或洗涤液内浸泡数小时，然后再用清水冲洗干净。

② 使用过的玻璃器皿的洗涤方法：试管、培养皿、三角瓶、烧杯等可用试管刷、瓶刷或海绵沾上肥皂、洗衣粉或去污粉等洗涤剂刷洗，以除去黏附在皿壁上的灰

尘或污垢，然后用自来水充分冲洗干净。热的肥皂水去污能力更强，能有效地洗去器皿上的油垢。用去污粉或洗衣粉刷洗之后较难冲洗干净附在器壁上的微小粒子，故要用水多次冲洗或用稀盐酸溶液摇洗一次，再用水冲洗，然后倒置于铁丝框内或洗涤架上，在室内晾干。

③ 含有琼脂培养基的玻璃器皿，要先刮去培养基，然后洗涤。如果琼脂培养基已经干涸，可将器皿放在水中蒸煮，使琼脂溶化后趁热倒出，然后用清水洗涤，并用刷子刷其内壁，以除去壁上的灰尘或污垢。带菌的器皿洗涤前应先在2%来苏尔或0.25%新洁尔灭消毒液内浸泡24h，或煮沸0.5h，再用清水洗涤。带菌的培养物应先行高压蒸汽灭菌，然后将培养物倒去，再进行洗涤。盛有液体或固体培养物的器皿，应先将培养物倒在废液缸中，然后洗涤。不要将培养物直接倒入洗涤槽，否则会阻塞下水道。

玻璃器皿是否洗涤干净，洗涤后若水能在内壁均匀分布成一薄层而不出现水珠，表示油垢完全洗净，若器皿壁上挂有水珠，应用洗涤液浸泡数小时，然后再用自来水冲洗干净。盛放一般培养基用的器皿经上法洗涤后即可使用。如果器皿要盛放精确配制的化学试剂或药品，则在用自来水洗涤后，还需用蒸馏水淋洗3次，晾干或烘干后备用。

④ 玻璃吸管：吸过血液、血清、糖溶液或染料溶液等的玻璃吸管（包括毛细吸管），使用后应立即投入盛有自来水的量筒或标本瓶内，免得干燥后难以冲洗干净。量筒或标本瓶底部应垫以脱脂棉花，否则吸管投入时容易破损。待实验完毕，再集中冲洗。若吸管顶部塞有棉花，则冲洗前先将吸管尖端与装在水龙头上的橡皮管连接，用水将棉花冲出，然后再装入吸管自动洗涤器内冲洗，没有吸管自动洗涤器时用蒸馏水淋洗。洗干净后，放搪瓷盘中晾干，若要加速干燥，可放烘箱内烘干。

吸过含有微生物的吸管亦应立即投入盛有2%来苏尔溶液0.25%新洁尔灭消毒液的量筒或标本瓶内，24h后方可取出冲洗。

吸管内壁若有油垢，同样应先在洗涤液内浸泡数小时，然后再冲洗。

⑤ 载玻片与盖玻片的清洗。新载玻片和盖玻片应先在2%的盐酸溶液中浸泡1h，然后用自来水冲洗2 ~ 3次，用蒸馏水换洗2 ~ 3次，洗后烘干冷却或浸于95%酒精中保存备用。

用过的载玻片与盖玻片如滴有香柏油，要先用皱纹纸擦去或浸在二甲苯内摇晃几次，使油垢溶解，再在肥皂水中煮沸5 ~ 10min，用软布或脱脂棉花擦拭，立即用自来水冲洗，然后在稀洗涤液中浸泡0.5 ~ 2h，自开水冲去洗涤剂液，最后再用蒸馏水换洗数次，待干后浸于95%酒精中保存备用。使用时在火焰上烧去酒精。用此法洗涤和保存的载玻片和盖玻片清洁透亮，没有水珠。

检查过活菌的载玻片或盖玻片应在 2% 来苏尔溶液或 0.25% 的新洁尔灭溶液中浸泡 24h，然后按上述方法洗涤与保存。

（2）洗涤剂的种类及应用

① 水。水是最主要的洗涤剂，但只能洗去可溶解在水中的沾染物，不溶于水的污物如油、蜡等，必须用其它方法处理以后，再用水洗。要求比较洁净的器皿，清水洗过之后再用蒸馏水洗。

② 肥皂。肥皂是很好的去污剂。一般肥皂的碱性并不十分强，不会损伤器皿和皮肤，所以洗涤时常用肥皂。使用方法多用湿刷子（试管刷、瓶刷）沾肥皂刷洗容器，再用水洗去肥皂。热的肥皂水（5%）去污能力更强，洗器皿上的油脂很有效。油脂很重的器皿，应先用纸将油层擦去，然后用肥皂水洗，洗时还可以加热煮沸。

③ 去污粉。去污粉内含有碳酸钠、碳酸镁等，有起泡沫和除油污的作用，有时也加些食盐、硼砂等，以增加摩擦作用。用时将器皿润湿，将去污粉涂在污点上，用布或刷子擦拭，再用水洗去去污粉。一般玻璃器皿、搪瓷器皿等都可以使用去污粉。

④ 洗衣粉。目前我国生产的洗衣粉主要成分是烷基苯磺酸钠，为阴离子表面活性剂。在水中能解离成带有憎水基的阴离子。其去污能力主要是由于在水溶液中能降低水的表面张力，并发生润湿、乳化、分散和起泡等作用。洗衣粉去污能力强，特别能有效地去除油污。用洗衣粉擦拭过的玻璃器皿要充分用自来水漂洗，以除净残存的微粒。

⑤ 洗涤液。通常用的洗涤液是重铬酸钾（或重铬酸钠）的硫酸溶液，是一种强氧化剂，去污能力很强，实验室常用它来洗去玻璃和瓷质器皿上的有机物质。切不可用于金属器皿。

洗涤液的配方一般分浓配方和稀配方两种，可按下列配方来配制：

浓配方：	重铬酸钾（工业用）	40.0g
	蒸馏水	160.0mL
	浓硫酸（粗）	800.0mL
稀配方：	重铬酸钾（工业用）	50.0g
	蒸馏水	850.0mL
	浓硫酸（粗）	100.0mL

配制方法是将重铬酸钾溶解在蒸馏水中（可加热），待冷却后，再慢慢地加入硫酸，边加边搅动。配好后存放备用。此液可用很多次，每次用后倒回原瓶中储存，直至溶液变成青褐色时才失去效用。

洗涤原理为：重铬酸钾或重铬酸钠与硫酸作用后形成铬酸（chromic acid），

铬酸的氧化能力极强，因而此液具有极强的去污作用。

洗涤时应注意以下几点。

盛洗涤液的容器应始终加盖，以防氧化变质。玻璃器皿投入洗涤剂之前要尽量干燥，避免洗涤液稀释。如要加快速度，可将洗涤液加热至45 ~ 50℃进行洗涤。

器皿上有大量的有机质时，不可直接加洗涤液，应尽可能先行清除，再用洗涤液，否则会使洗涤液很快失效。

用洗涤液洗过的器皿，应立即用水冲至无色为止。

洗涤液有强腐蚀性，溅在桌椅上，应立即用水洗或用湿布擦去。皮肤及衣服上沾有洗涤液，应立即用水洗，然后用苏打（碳酸钠）水或氨液洗。

洗涤液仅限于玻璃和瓷质器皿的清洗，不适于金属和塑料器皿。

（3）玻璃器皿使用及后处理注意事项

① 任何方法，都不应对玻璃器皿有所损伤。所以不能使用对玻璃有腐蚀作用的化学药剂，也不能使用较玻璃硬度大的物品来擦拭玻璃器皿。

② 用过的器皿应立即洗涤，有时放置时间太久会增加洗涤的困难，随时洗涤还可以提高器皿的使用率。

③ 含有对人有传染性的或者是属于植物检疫范围内的微生物的试管、培养皿及其它容器，应先浸在消毒液内或蒸煮灭菌后再进行洗涤。

④ 盛过有毒物品的器皿，不要与其它器皿放在一起。

⑤ 难洗涤的器皿不要和易洗涤的器皿放在一起，以免增加洗涤的麻烦。有油污的器皿不要与无油污的器皿混在一起，否则会使本来无油的器皿沾上了油污，浪费药剂和时间。

⑥ 强酸强碱及其它氧化物和有挥发性的有毒物品，都不能倒在洗涤槽内，必须倒在废液缸内。

3.3.3 食品中菌落总数的测定

3.3.3.1 实验原理

平板菌落计数法是将待测样品经适当稀释后，其中的微生物充分分散为单个细胞，取一定量的稀释液接种到平板上，经过培养，由每个单细胞生长繁殖而形成的肉眼可见的菌落，即一个单菌落应代表原样品中的一个单细胞。统计菌落数，根据其稀释倍数和取样接种量即可换算出样品中的含菌数。该方法主要缺点是由于待测样品往往不易完全分散成单个细胞，因此培养后的一个单菌落也可能来自样品中的多个细胞，导致平板菌落计数的结果往往偏低。为了更好地阐述平板菌落计数的结果，现在已倾向使用菌落形成单位（colony-forming units，CFU）用于表示样品的活菌含量，可以获得活菌的信息，所以被广泛用于生物制品检验以及食品、饮料和水等含菌指数或污染度的检测

3.3.3.2 试剂和材料

恒温培养箱：（36 ℃ ±1 ℃，30 ℃ ±1 ℃）；

均质器或振荡器；

无菌吸管：1mL（0.01mL 刻度）、10mL（0.1mL 刻度）或微量移液器及吸头；

无菌锥形瓶：容量 250mL、500mL；

无菌培养皿：直径 90mm；

菌落计数器。

（1）主要样品

① 平板计数琼脂（plate count agar，PCA）培养基：蛋白胨 5.0g 、酵母浸膏 2.5g、葡萄糖 1.0g、琼脂 15.0g、蒸馏水 1000mL、pH7.0 ± 0.2。

将所有成分加于蒸馏水中，煮沸溶解，调节 pH。分装试管或锥形瓶，121 ℃高压灭菌 15min。

注：用平板计数琼脂，称取 23.5g 于 1000mL 蒸馏水中，加热煮沸至完全溶解，121℃高压灭菌 20min，冷却至 45 ~ 47℃左右备用。

② 无菌生理盐水：称取 5.875g NaCl 溶于 500mL 蒸馏水中，121℃高压灭菌 20min。

（2）主要器材

无菌平皿、天平、称样瓶、记号笔、酒精灯等。

（3）操作及实验步骤

① 样品的稀释：25g（mL）样品 +225mL 稀释液，均质。

10 倍系列稀释。每递增稀释一次，换用 1 次 1mL 无菌吸管或吸头（注意吸管或吸头尖端不要触及稀释液面）。选择 2 ~ 3 个适宜稀释度的样品匀液，各取 1mL 分别加入无菌培养皿内。吸取 1mL 空白稀释液作空白对照。每皿中加入 15 ~ 20mL 平板计数琼脂培养基，并转动平皿使其混合均匀。

② 培养：待琼脂凝固后，将平板翻转，36℃ ±1 ℃培养 48h ± 2h。水产品 30℃ ±1℃培养 72h ± 3h（如果有弥漫生长的菌落时，可在凝固后的琼脂表面覆盖一薄层琼脂培养基（约 4mL），凝固后翻转平板）。

③ 菌落计数：记录稀释倍数和相应的菌落数量。菌落计数以菌落形成单位（colony-forming units，CFU）表示。

（4）计算公式：

$$N=\frac{\Sigma C}{(n_1+0.1n_2)\ d}$$

式中　N ——样品中菌落数；

ΣC——平板（含适宜范围菌落数的平板）菌落数之和；

n_1——第一稀释度（低稀释倍数）平板个数；

n_2——第二稀释度（高稀释倍数）平板个数；

d ——稀释因子（第一稀释度）。

3.3.4　多管发酵法测定水中大肠菌群

3.3.4.1　实验原理

总大肠菌群可用多管发酵法或滤膜法检验。多管发酵法的原理是根据大肠菌群能发酵乳糖、产酸、产气，以及具备革兰氏染色阴性，无芽孢，呈杆状等有关特性，通过三个步骤进行检验求得水样中的总大肠菌群数。试验结果以最可能数（most probable number，MPN）表示。

3.3.4.2　主要使用仪器

① 高压蒸气灭菌器。

② 恒温培养箱、冰箱。

③ 生物显微镜、载玻片。

④ 酒精灯、镍铬丝接种棒。

⑤ 培养皿（直径 100mm）、试管（5mm × 150mm），吸管（1mL、5mL、10mL）、烧杯（200mL、500mL、2000mL）、锥形瓶（500mL、1000mL）、采样瓶。

3.3.4.3　培养基及染色剂的制备

（1）乳糖蛋白胨培养液

将 10g 蛋白胨、3g 牛肉膏、5g 乳糖和 5g 氯化钠加热溶解于 1000mL 蒸馏水中，调节溶液 pH 为 7.2 ~ 7.4，再加入 1.6% 溴甲酚紫乙醇溶液 1mL，充分混匀，分装于试管中，于 121℃高压灭菌器中灭菌 15min，贮存于冷暗处备用。

（2）三倍浓缩乳糖蛋白胨培养液

按上述乳糖蛋白胨培养液的制备方法配制。除蒸馏水外，各组分用量增加至三倍。

（3）品红亚硫酸钠培养基

① 贮备培养基的制备。于 2000mL 烧杯中，先将 20 ~ 30g 琼脂加到 900mL

蒸馏水中，加热溶解，然后加入 3.5g 磷酸氢二钾及 10g 蛋白胨，混匀，使其溶解，再用蒸馏水补充到 1000mL，调节溶液 pH 为 7.2 ~ 7.4。趁热用脱脂棉或绒布过滤，再加入 10g 乳糖，混匀，定量分装于 250mL 或 500mL 锥形瓶内，置于高压灭菌器中，在 121℃灭菌 15min，贮存于冷暗处备用。

② 平皿培养基的制备。将上法制备的贮备培养基加热融化。根据锥形瓶内培养基的容量，用灭菌吸管按比例吸取一定量的 5% 碱性品红乙醇溶液，置于灭菌试管中；再按比例称取无水亚硫酸钠，置于另一灭菌试管内，加灭菌水少许使其溶解，再置于沸水浴中煮沸 10min（灭菌）。用灭菌吸管吸取已灭菌的亚硫酸钠溶液，滴加于碱性品红乙醇溶液内至深红色再褪至淡红色为止（不宜加多）。将此混合液全部加入已融化的贮备培养基内，并充分混匀（防止产生气泡）。立即将此培养基适量（约 15mL）倾入已灭菌的平皿内，待冷却凝固后，置于冰箱内备用，但保存时间不宜超过两周。如培养基已由淡红色变成深红色，则不能再用。

（4）伊红美培养基

① 贮备培养基的制备：于 2000mL 烧杯中，先将 20 ~ 30g 琼脂加到 900mL 蒸馏水中，加热溶解。再加入 2.0g 邻酸二氢钾及 10g 蛋白胨，混合使之溶解，用蒸馏水补充至 1000mL，调节溶液 pH 值为 7.2 ~ 7.4。趁热用脱脂棉或绒布过滤，再加入 10g 乳糖，混匀后定量分装于 250mL 或 500mL 锥形瓶内，于 121℃高压灭菌 15min，贮于冷暗处备用。

② 平皿培养基的制备：将上述制备的贮备培养基融化。根据锥形瓶内培养基的容量，用灭菌吸管按比例分别吸取一定量已灭菌的 2% 伊红水溶液（0.4g 伊红溶于 20mL 水中）和一定量已灭菌的 0.5% 美蓝水溶液（0.065g 美蓝溶于 13mL 水中），加入已融化的贮备培养基内，并充分混匀（防止产生气泡），立即将此培养基适量倾入已灭菌的空平皿内，待冷却凝固后，置于冰箱内备用。

（5）革兰氏染色剂

① 结晶紫染色液：将 20mL 结晶紫乙醇饱和溶液（称取 4 ~ 8g 结晶紫溶于 100mL 95% 乙醇中）和 80mL 1% 草酸铵溶液混合、过滤。该溶液放置过久会产生沉淀，不能再用。

② 助染剂：将 1g 碘与 2g 碘化钾混合后，加入少许蒸馏水，充分振荡，待完全溶解后，用蒸馏水补充至 300mL。此溶液两周内有效。当溶液由棕黄色变为淡黄色时应弃去。为易于贮备，可将上述碘与碘化钾溶于 30mL 蒸馏水中，临用前再加水稀释。

③ 脱色剂：95% 乙醇。

④ 复染剂：将 0.25g 沙黄加到 10mL95% 乙醇中，待完全溶解后，加 90mL 蒸

馏水。

3.3.4.4　测定步骤

（1）生活饮用水

① 初发酵试验：在两个装有已灭菌的 50mL 三倍浓缩乳糖蛋白胨培养液的大试管或烧瓶中（内有倒管），以无菌操作各加入已充分混匀的水样 100mL。在 10 支装有已灭菌的 5mL 三倍浓缩乳糖蛋白胨培养液的试管中（内有倒管），以无菌操作加入充分混匀的水样 10mL 混匀后置于 37℃恒温箱内培养 24h。

② 平板分离：上述各发酵管经培养 24h 后，将产酸、产气及只产酸的发酵管分别接种于伊红美蓝培养基或品红亚硫酸钠培养基上，置于 37℃恒温箱内培养 24h，挑选符合下列特征的菌落。

a. 伊红美蓝培养基上：深紫黑色，具有金属光泽的菌落；紫黑色，不带或略带金属光泽的菌落；淡紫红色，中心色较深的菌落。

b. 品红亚硫酸钠培养基上：紫红色，具有金属光泽的菌落；深红色，不带或略带金属光泽的菌落；淡红色，中心色较深的菌落。

③ 取上述特征的菌落进行革兰氏染色：

a. 用以培养 18 ~ 24h 的培养物涂片，涂层要薄；

b. 将涂片在火焰上加温固定，待冷却后滴加结晶紫溶液，1min 后用水洗去；

c. 滴加助色剂，1min 后用水洗去；

d. 滴加脱色剂，摇动玻片，直至无紫色脱落为止（约 20 ~ 30s），用水洗去；

e. 滴加复染剂，1min 后用水洗去，晾干、镜检，呈紫色者为革兰氏阳性菌，呈红色者为阴性菌。

④ 复发酵试验：上述涂片镜检的菌落如为革兰氏阴性无芽孢的杆菌，则挑选该菌落的另一部分接种于装有普通浓度乳糖蛋白胨培养液的试管中（内有倒管），每管可接种分离自同一初发酵管（瓶）的最典型菌落 1 ~ 3 个，然后置于 37℃恒温箱中培养 24h，有产酸、产气者（不论倒管内气体多少皆作为产气论），即证实有大肠菌群存在。根据证实有大肠菌群存在的阳性管（瓶）数查表 3-10，报告每升水样中的大肠菌群数。

（2）水源水

① 于各装有 5mL 三倍浓缩乳糖蛋白胨培养液的 5 个试管中（内有倒管），分别加入 10mL 水样；于各装有 10mL 乳糖蛋白胨培养液的 5 个试管中（内有倒管），分别加入 1mL 水样；再于各装有 10mL 乳糖蛋白胨培养液的 5 个试管中（内有倒管），分别加入 1mL 1：10 稀释的水样。共计 15 管，三个稀释度。将各管充分混匀，置于 37℃恒温箱内培养 24h。

② 平板分离和复发酵试验的检验步骤同生活饮用水检验方法。

③ 根据证实总大肠菌群存在的阳性管数，查表 3-11，即求得每 100mL 水样中存在的总大肠菌群数。我国目前系以 1L 为报告单位，故 MPN 值再乘以 10，即为 1L 水样中的总大肠菌群数。

例如，某水样接种 10mL 的 5 管均为阳性；接种 1mL 的 5 管中有 2 管为阳性；接种 1∶10 的水样 1mL 的 5 管均为阴性。从最可能数（*MPN*）表中查检验结果 5 ~ 2 ~ 0，得知 100mL 水样中的总大肠菌群数为 49 个，故 1L 水样中的总大肠菌群数为 49 × 10=490 个。

对污染严重的地表水和废水，初发酵试验的接种水样应做 1∶10、1∶100、1∶1000 或更高倍数的稀释，检验步骤同“水源水”检验方法。

如果接种的水样量不是 10mL、1mL 和 0.1mL，而是较低或较高的三个浓度的水样量，也可查表求得 *MPN* 指数，再经下面公式换算成每 100mL 的 MPN 值：

$$MPN\text{值}=MPN\text{指数}\times\frac{10}{\text{接种量最大的一管}}$$

3.3.4.5 数据处理（表 3-10，表 3-11）

表 3-10 大肠菌群检数表

10mL 水量的阳性管数	100mL 水量的阳性瓶数		
	0	1	2
	1L 水样中大肠菌群数	1L 水样中大肠菌群数	1L 水样中大肠菌群数
0	<3	4	11
1	3	8	18
2	7	13	27
3	11	18	38
4	14	24	52
5	18	30	70
6	22	36	92
7	27	43	120
8	31	51	161
9	36	60	230
10	40	69	>230

注：接种水样总量 300mL（100mL 2 份，10mL 10 份）。

表 3-11　最可能数（MPN）表

出现阳性份数			每 100mL 水样中细菌数的最可能数	95% 可信限值		出现阳性份数			每 100mL 水样中细菌数的最可能数	95% 可信限值	
10mL 管	1mL 管	0.1mL 管		下限	上限	10mL 管	1mL 管	0.1mL 管		下限	上限
0	0	0	<2			2	0	1	7	1	17
0	0	1	2	<0.5	7	2	1	0	7	1	17
0	1	0	2	<0.5	7	2	1	1	9	2	21
0	2	0	4	<0.5	11	2	2	0	9	2	21
1	0	0	2	<0.5	7	2	3	0	12	3	28
1	0	1	4	<0.5	11	3	0	0	8	1	19
1	1	0	4	<0.5	15	3	0	1	11	2	25
1	1	1	6	<0.5	15	3	1	0	11	2	25
1	2	0	6	<0.5	15	3	1	1	14	4	34
2	0	0	5	<0.5	13	3	2	0	14	4	34
3	2	1	17	5	46	5	2	0	49	17	130
3	3	0	17	5	46	5	2	1	70	23	170
4	0	0	13	3	31	5	2	2	94	28	220
4	0	1	17	5	46	5	3	0	79	25	190
4	1	0	17	5	46	5	3	1	110	31	250
4	1	1	21	7	63	5	3	2	140	37	310
4	1	2	26	9	78	5	3	3	180	44	500
4	2	0	22	7	67	5	4	0	130	35	300
4	2	1	26	9	78	5	4	1	170	43	190
4	3	0	27	9	80	5	4	2	220	57	700
4	3	1	33	11	93	5	4	3	280	90	850
4	4	0	34	12	93	5	4	4	350	120	1000
5	0	0	23	7	70	5	5	0	240	68	750
5	0	1	34	11	89	5	5	1	350	120	1000
5	0	2	43	15	110	5	5	2	540	180	1400
5	1	0	33	11	93	5	5	3	920	300	3200
5	1	1	46	16	120	5	5	4	1600	640	5800
5	1	2	63	21	150	5	5	5	≥ 2400		

注：接种 5 份 10mL 水样、5 份 1mL 水样、5 份 0.1mL 水样时，不同阳性及阴性情况下 100mL 水样中细菌数的最可能数和 95% 可信限值。

3.3.5　苯酚生物降解菌筛选

苯酚是一种自然条件下难降解的有机物，其长期残留于空气、水体、土壤中，会造成严重的环境污染，对人体、动物有较高毒性。通过生物降解途径对苯酚实现降解，对保护人体健康和消除环境污染具有现实意义。

苯酚是芳香烃化合物，也是常用的表面消毒剂之一，是三羧酸循环的抑制剂。现已发现某些单胞菌联合真养产碱菌含有芳香烃的降解质粒，将其降解生成琥珀酸、草酰乙酸、乙酰辅酶 A，进入三羧酸循环。

3.3.5.1　实验原理

本实验主要是通过在苯酚浓度梯度培养基平板高含区上分离出菌落，对苯酚具有较好的耐受性，可能具备分解酚菌的能力；随后，将其在以苯酚为唯一碳源的培养基中进行培养，逐步淘汰不能利用苯酚的菌株，筛选可降解苯酚的菌群；再用不同浓度苯酚培养基进行分离，筛选出耐受能力好，降解程度高的苯酚降解菌。

3.3.5.2　主要实验器材

实验材料：实验用土样。

器材和仪器：试管、三角烧瓶、吸管、洗耳球、无菌涂棒、酒精灯、接种环、棉线、棉花、牛皮纸等。

试剂：牛肉膏、蛋白胨、苯酚、K_2HPO_4、KH_2PO_4、$MgSO_4$、$FeSO_4$、琼脂。

培养基：①牛肉膏蛋白胨培养基：牛肉膏 3g，蛋白胨 10g，NaCl 5g，琼脂 15 ~ 20g，水 1000mL，pH7.0 ~ 7.5；②药物培养基：将一定苯酚加入到牛肉膏蛋白胨培养基中制成；③苯酚浓度梯度平板：在无菌培养皿中，先倒入 7 ~ 10mL 含 0.1g/L 苯酚牛肉膏蛋白胨培养基，将培养皿一侧置于木条上，使培养皿中培养基倾斜成斜面，且刚好完全覆盖培养皿底部；待培养基凝固后，将培养皿放平，再倒入 7 ~ 10mL 牛肉膏蛋白胨培养基；④以苯酚为单一碳源的液体培养基：NH_4Cl 1.0g，K_2HPO_4 0.6g、KH_2PO_4 0.6g、$MgSO_4$ 0.06g、$FeSO_4$ 3mg，苯酚按照设计量添加，水 1000mL，pH7.0 ~ 7.5。

实验过程如下。

（1）苯酚耐受菌株初步筛选

① 浓度梯度培养基平板制备：按照培养基苯酚浓度梯度平板的方法制成苯酚浓度梯度平板。

② 样品菌悬液制备：将采集到的实验用土样溶解于无菌水中，摇匀，作适度稀释后备用。

③ 平板涂布：用 1mL 移液管分别从各菌悬液中取菌悬液 0.2mL 于苯酚梯度平板上，用涂棒涂布均匀。

④ 培养：恒温培养箱内 30℃培养 1 ~ 2d 时间。

⑤ 挑取菌落：由于在培养基平板中，药物浓度呈由低到高浓度梯度分布，平板上长成菌落也呈现由密集到稀疏的梯度分布，高浓度药物的生长少数菌落一般具有较强的抗药性，挑取高含药区的单个菌落于牛肉膏蛋白胨培养基斜面上划线。

⑥ 培养、保藏：将接种后的斜面于恒温培养箱中 30℃培养 1 ~ 2d 时间，编号，4℃冰箱内保藏。

（2）以苯酚为单一碳源菌株筛选实验

① 第一碳源培养基配制：按照以苯酚为单一碳源的液体培养基配制方法，用 250mL 三角瓶，每瓶装 50mL，制成以苯酚为单一碳源的液体摇瓶；

② 苯酚浓度：苯酚浓度分别按照 0.2g/L，0.4g/L，0.6g/L，0.8g/L，1.0g/L，1.2 g/L 六个浓度梯度配制；

③ 平行样品：每个菌株和药物浓度各配制平行样品两瓶；

④ 灭菌：121℃，20min；

⑤ 接种：将初选的苯酚耐受性菌株，分别用少量无菌水稀释，接种于对应摇瓶中；

⑥ 培养：八层纱布盖口，回旋式摇床内摇振，30℃，100r/min 培养 2 天；

⑦ 检测：使用分光光度计测定 OD 值，以空白培养基作为对照，检测各个摇瓶内菌体浓度；

⑧ 筛选：淘汰不能利用苯酚为碳源菌株。菌体浓度高的样品为生长状态良好菌株，即为以苯酚为单一碳源菌株，可进行下一步实验。

（3）高耐受性苯酚降解菌筛选

① 药物培养基平板配制：按照不同浓度（0.2g/L，0.4g/L，0.6g/L，0.8g/L，1.0 g/L，1.2g/L）苯酚配制药物培养基平板；

② 灭菌、倒平板：121℃，20min 灭菌，倒平板，各菌株、各浓度配制样品 2 个；

③ 菌悬液制备：将初选的培养液进行适度稀释，或将保藏的经单一碳源实验的菌株用无菌水配制成菌悬液；

④ 涂平板：用 1mL 移液管分别从各菌悬液试管中取菌悬液 0.2mL 涂布于药物培养基平板上，每一个试管菌悬液涂布一组不同浓度的苯酚药物培养基平板，每一个浓度设平板 2 个，六组共计 12 个；

⑤ 培养：恒温培养箱 30℃培养 1 ~ 2d；

⑥ 筛选、观察、记录并挑选高浓度药物培养基平板上生长旺盛菌落，此即为高耐受性苯酚降解菌，接种于牛肉膏蛋白胨培养基斜面；

⑦ 编号，保藏于 4℃冰箱内。

3.3.5.3 数据处理

根据实验现象和菌落计数结果，将实验数据依次填入表 3–12 ~ 表 3–14 中。

表 3–12 苯酚耐受菌株初选结果

平板编号	1	2	3	4	5	6	7	8
苯酚浓度 /（mg/L）								
高药区单菌落数目								

表 3–13 以苯酚为单一碳源菌株筛选结果

药物浓度 /（mg/L）		0.2	0.4	0.6	0.8	1.0	1.2
菌种编号	1						
	2						
	3						
	4						
	5						

表 3–14 高耐受性苯酚降解菌筛选结果（菌落数）

药物浓度 /（g/L）		0.2	0.4	0.6	0.8	1.0	1.2
菌株编号	1						
	2						
	3						
	4						
	5						

参考文献

[1] 李霁良 . 微型半微型有机化学实验 [M]. 北京：高等教育出版社，2013.

[2] 刘华，胡冬华 . 有机化学实验教程 [M]. 北京：清华大学出版社，2015.

[3] 吴婉娥 . 无机及分析化学实验 [M]. 北京：化学工业出版社，2015.

[4] 赵斌，林会 . 微生物学实验 [M]. 北京：科学出版社，2014.

[5] 张岚，接伟光 . 食品微生物学（应用型本科院校十二五规划教材 . 食品工程类）[M]. 哈尔滨：哈尔滨工业大学出版社，2014.

[6] 徐玮，汪东风 . 食品化学实验和习题 [M]. 北京：化学工业出版社，2008.

[7] 赵国华 . 食品化学实验原理与技术 [M]. 北京：化学工业出版社，2009.

[8] 徐涛 . 实验室生物安全 [M]. 北京：高等教育出版社，2010.

第4章

实验室废弃物处理规范

实验室是科研实验的场所，在其中进行各种各样的实验，会产生各种各样的废弃物。实验室产生的废弃物种类与所进行的实验有关，具有种类繁多、组分复杂、集中处理不便等特点。实验室废弃物，特别是化学实验及生物实验产生的废弃物，不仅会危害人们的健康，而且未经处理排放会对环境造成污染。因而，各实验室要根据废弃物的性质，尽可能对其进行无害化处理，避免排出有害物质危害自身或者危及他人。

4.1 废弃物分类及来源

4.1.1 实验室废弃物的分类

实验室废弃物有多种分类方法[1~3]，如按照废弃物的化学性质分类可以分为有机废弃物和无机废弃物。其中实验室有机废弃物是指在实验活动中产生的丧失原有利用价值或者虽未丧失利用价值但被抛弃或者放弃的固态、液态或者气态的有机类物质，包含有挥发性有机物（苯、甲苯、甲醇、乙醇、丙酮、乙醚等）、卤代烃（氯仿、二氟二氯甲烷、二氯乙烯、氯苯等）、多环芳烃（萘、蒽、菲、芘等）、有机金属化合物（甲基汞、四乙基铅、三丁锡等）等；无机废弃物有重金属（如 Cu、Pb、Ni、Hg、Cd、Sn 等）以及无机化合物（HCl、H_2SO_4、$NaOH$、CS_2、HCN、KCN、CO、I_2 等）等。

按废弃物的危害程度来分可以分为一般废弃物和有害废弃物。一般废弃物是指比较常见的、对环境和人体相对安全的废弃物，如实验室中装试剂及仪器的包装纸盒、废纸、废塑料、玻璃瓶、废铁等。一般废弃物经过回收处理后大多可以成为再生产品。有害废弃物即危险废弃物，是指具有腐蚀性、毒性、易燃易爆性、反应性或者感染性等一种或者几种危险特性的废弃物。我国环保部公布了《国家危险废物名录》，共列举了498种危险废物，这些废弃物的收集、贮存及处理需要根据相关法律法规及标准进行。

实验室废弃物还可以分为化学性废弃物、生物性废弃物和放射性废弃物。化学性废弃物是指实验室中使用或产生的废弃化学试剂、药品、样品、分析残液及盛装危险化学品的容器、被危险化学品污染的包装物和其它列入国家危险废物名录或者根据国家规定的危险废物鉴别标准和鉴别方法认定的具有危险特性的废弃物。生物性废弃物主要是开展生物性实验的实验室产生的，包括实验过程中使用过或培养产生的动植物的组织或器官、动物尸体、组织液及代谢物、微生物（细菌、真菌和病毒等）、培养基等，还包括被微生物污染的实验耗材、实验垃圾等。这些实验废弃物若未经严格灭菌处理而直接排出，会造成严重的生物性污染后果。放射性废弃物是指含有放射性核素或被放射性核素污染，其浓度或比活度大于规定的清洁解控水平，并且预计不再利用的物质，在一些生物实验室、医学实验室及矿物冶炼方面的实验室会产生放射性废弃物。

按照废弃物状态可分为固体废弃物、废液及废气。实验室的固体废物是实验活动中产生的固态或半固态废弃物质，实验室所产生的固体废物包括残留的固体试剂、多余固体试剂、沉淀絮凝反应所产生的沉淀残渣、消耗和破损的实验用品（如玻璃器皿、包装材料等）、残留的或失效的固体化学试剂以及生活垃圾等；废液主要有酸碱性废水、挥发性有机溶剂、低挥发性有机溶剂、含卤素有机溶剂、含重金属废液、含盐废液等；废气有易挥发的有机蒸气、悬浮颗粒、有毒有害气体（CO、SO_2、Cl_2、NO_x 等）。实验室中废弃物的种类和排放量与所进行的试验有关。

4.1.2　实验室废弃物的来源

4.1.2.1　固体废弃物的来源

实验室固体废物来源广泛，成分复杂。例如，有实验原料、废弃的实验产物、破碎器皿、试剂瓶、废弃的破旧仪器设备以及生活垃圾等。在化学实验中，实验室的废弃实验产物中，有未反应的原料、副产物、中间产物；有化学反应中添加的辅助试剂，如催化剂、助催化剂的剩余物；还有化工单元操作中产生的固体废弃物，如精馏残渣及吸附剂等。在生物实验中会有固体培养基等废弃物，还会产生大量的实验器械与耗材类废弃物，如吸头、吸管、离心管、注射器、手套等一次性用品。在食品实验室会有下脚料、添加剂等固体废弃物产生。实验室固体废弃物堆放在实验室中一方面会占用实验室空间，影响实验室观感；另一方面固体废弃物中的一些有毒有害物质会挥发到空气中，对实验人员造成伤害。未经处理而放置于环境中的固体废弃物会在自然环境条件作用下，释放有害气体、粉尘或滋生有害生物，产生恶臭味，或是其中的有毒有害物质被雨水冲刷后进入土壤以及水体，造成污染。

4.1.2.2　废液的来源

实验室废液主要有有机废液（如苯、甲苯、乙醇、卤化有机物废液等）及废水（如含重金属废水、含盐废液、废酸、废碱液、含有机物废水等）。实验室废液中污染物的种类以及排出量与相应的实验有关，不同行业在进行科研实验时产生的废液的量及含有的污染物不同。如石油化工、冶金工业、纺织印染以及造纸等轻工业等都是产生废水非常严重的行业。在炼油过程中会产生大量的含油废水以及高酸碱的废水，因而实验室模拟生产也就会产生这些废液；在进行冶金方面科研的实验室会有含有金属离子的废水大量产生；在轻工行业中，如制浆造纸实验过程中有碱煮、漂白等工序，消耗大量的水，而碱、蒸煮添加剂、漂白剂以及木质素等残留在水中，产生大量的废水；在制药、日化行业，会产生大量的有机废液以及含有各种有机物、无机物的废水。

4.1.2.3　废气的来源

实验室产生的废气有挥发性有机物、粉尘、有毒有害气体等。在化学、食品、制药等实验室都会用到有机溶剂，有些溶剂容易挥发，如苯、甲苯、甲醛、二氯甲烷、乙醚、丙酮等容易挥发到空气中，对空气造成污染，人长时间待在其中会危害身体健康。还有一些化学试剂，如盐酸、硝酸、三氟乙酸等，在使用过程中也会产生酸雾。而在一些实验室中会有大量的粉尘产生，如金属加工会产生金属粉尘、面粉加工实验室会产生面粉粉尘、纳米材料实验室也会有纳米颗粒悬浮在空气中，这些粉尘达到一定浓度遇明火可以引起粉尘爆炸，人长期吸入也会对人体造成危害。在一些医学、生物学的实验室中会产生生物污染物，如一些病毒、致病菌等会扩散到空气中，经呼吸道吸入引起人体病害。还有就是在实验过程中产生的有毒有害气体，如 CO、Cl_2、SO_2、NO_x、H_2S 等。

4.2　废弃物危害

我国拥有各类高校、科研单位、卫生、检验检疫、环保以及企业的实验室超过2万家，这些实验室在运行过程中会产生大量废弃物，很多含有剧毒的、致突变、致畸形、致癌等物质。这些废弃物，如果不经处理或处理不善，将对相关人员的生命健康和环境安全造成严重危害。例如，上海一所中学一位清洁工，在打扫卫生时看到一个玻璃瓶，便打算清洗再利用，不料，瓶子中有化学品残留物，遇水突然发生强烈反应并导致瓶子炸裂，致使她的面部和手部多处划伤；2003年我国台湾地区研究SARS病毒的科研人员在实验室清除废弃物时出现疏失，导致感染SARS病毒。

4.2.1 对人体的危害

科研人员暴露在有害的实验室废弃物中会对人体产生毒害作用，主要有中毒、腐蚀、引起刺激、过敏、缺氧、昏迷、麻醉、致癌、致畸、致突变、尘肺等。在实验室环境中，有毒害作用的废弃物可通过直接接触以及空气、食物、饮水等方式对人体造成伤害。如操作不当或防护不当，在处理废弃物的过程中皮肤直接碰触到有毒有害的废弃物，可导致皮肤脱落，引起皮肤干燥、粗糙、疼痛、皮炎等症状，有的化学物品、致病菌、病毒可能通过皮肤进入血管或脂肪组织，侵害人体健康；实验室废弃物中的有机物（如苯、甲苯等）会挥发到空气中，长时间吸入可引起头痛、头昏、乏力、苍白、视力减退、中毒等症状，长期在这种环境中会造成免疫力下降，增加患癌症的风险；在一些管理不严格的实验室，实验人员将饮用水、食物等带到实验室，飘浮在空气中的有害物质会附着在食品上，同时残留在手上的试剂等有害物质也会通过饮食进入体内，危害人体健康；另外，排放到环境中的废弃物会将有害物质释放到空气、水以及土壤中，然后经过植物、动物的富集，最终通过饮食将有害物质富集到人体中，如日本水俣病事件就是含有重金属汞的废液排放到水体后转化为甲基汞，鱼虾生活在被污染的水体中渐渐被甲基汞所污染，而居民长期食用这些鱼虾以后，最终汞在体内富集，造成严重伤害。

4.2.2 对环境的危害

随着高校、科研单位、卫生、检验检疫、环保以及企业的实验室的科研活动越来越频繁深入，实验室试剂的用量和废弃物的排放量也在迅速增长，废气、废液、固体废弃物等的排放及其污染问题日渐凸现，越来越引起社会的关注。实验室产生的废弃物不仅会直接污染环境，而且有些化学废弃物在环境中经化学或生物转化形成二次污染，危害更大。固体废物对环境污染的危害具有长期潜在性，其危害可能在数十年后才能表现出来，而且一旦造成污染危害，由于其具有的反应呆滞性和不可稀释性，一般难以清除。一些实验室的酸碱废液及有机废液不经处理便经下水道排放，日积月累的任意排放必定会成为污染源，如富含氮、磷量废水会使水体富营养化，水中藻类和微生物大量繁殖生长，消耗大量溶解在水中的氧气，造成水体缺氧，导致鱼类无法生存，破坏水中的生态系统。而且大量藻类死亡后会发生腐烂，释放出甲烷、硫化氢、氨等难闻气味，造成严重的环境污染。高校及科研单位的实验室一般都在城市人口密集区，其众多的实验室同时长期的通过通风橱向外排放实验中产生的有毒有害气体，会对附近的空气质量有影响。

4.2.3 废弃物贮存一般注意事项

实验室每次产生的废弃物量较少，且废弃物种类不同、性质各异，一般是分类收集废弃物到一定量后再集中处理，或是交由具备相应处置资质的单位处理。因而，在废弃物处理前需要对不同废弃物进行分类收集、贮存，避免其扩散、流失、渗漏或产生交叉污染。对于实验室有害废弃物的贮存可参照国家标准 GB 18597—2001《危险废物贮存污染控制标准》及 HJ 2025—2012《危险废物收集、贮存、运输技术规范》。在贮存实验室废弃物时应达到以下要求：

① 贮存区域要远离热源，通风良好，对高温易爆或易腐败的废弃物还应在低温下贮存。

② 在常温常压下易爆、易燃及排出有毒气体的危险废弃物必须进行预处理，使之稳定后贮存，否则，按易燃、易爆危险品贮存，并尽快处理。

③ 危险废弃物必须装入到容器内，容器要完好无损，且容器材质和衬里不能与危险废弃物反应。

④ 禁止将不相容（相互反应）的危险废弃物在同一容器内混装，如过氧化物与有机物；氰化物、硫化物、次氯酸盐与酸；盐酸、氢氟酸等挥发性酸与不挥发性酸；浓硫酸、磺酸、羟基酸、聚磷酸等酸类与其它的酸；铵盐、挥发性胺与碱。

⑤ 装载液体、半固体危险废弃物的容器内必须留足够的空间，防止膨胀，确保容器内的液体废弃物在正常的处理、存放及运输时，不因温度或其他物理状况改变而膨胀，造成容器泄漏或变形。

⑥ 对实验使用后的培养基、标本和菌种保存液、一次性的医疗用品及一次性的器械，都应严格按规定进行有效消毒并放置指定的容器内。

⑦ 实验过程中产生的放射性废弃物应同人类生活环境长期隔离，利用专用容器收集、包装、贮存，指定专人负责保管，并采取有效防火、防盗等安全措施，严防放射性物质泄漏。

⑧ 盛装危险废弃物的容器上必须粘贴图 4–1 所示的标签，标明成分、含量等信息。

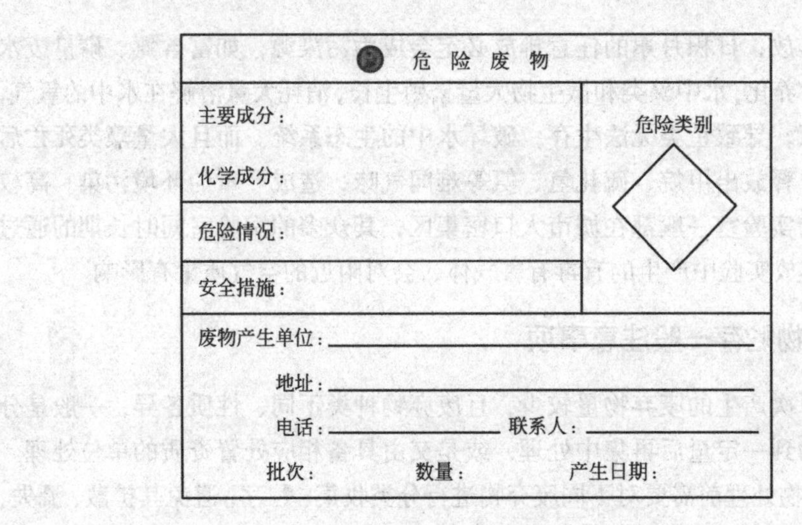
危险废物

主要成分：

化学成分：

危险情况：

安全措施：

危险类别

废物产生单位：

地址：

电话：　　　联系人：

批次：　　　数量：　　　产生日期：

图 4–1　危险废弃物标签样式

4.3　废弃物处理原则及注意事项

废弃物处理就是通过有效的方法对其中可再利用的部分进行回收，使废弃物可以再资源化，变废为宝，对无法利用或回收成本过高的废弃物进行无害化处理，达到国家相关标准后排放[4, 5]。

4.3.1　普通废弃物的处理原则

① 实验室要严格遵守国家环境保护工作的有关规定，不随意排放废气、废液、固体废弃物，不得污染环境。

② 处理废弃物的过程中尽量不产生新的废弃物，能回收利用的废弃物在合理的成本条件下回收，不浪费，循环使用。

③ 对于量少或浓度不大的废弃物，可以在经过无害化的处理以后排入或倒入专门的废液缸中统一处理，如不超过环境中的最高允许值，可以随下水道排出。

④ 对于量大或浓度较大的废弃物可以进行回收处理，达到废弃物的资源化利用的目的。

⑤ 对特殊的废弃物则要进行单独的收集，例如，贵重金属废液或废渣，单独收集可以便于对其进行回收处理。

⑥ 不能混合的废弃物或者是混合后会不利于处理的废弃物，要分类并且及时地采取措施处理。

⑦ 无论液体或固体，凡能安全焚烧者则焚烧，但是数量不宜太大，焚烧时不能产生有害气体或焚烧残余物。如不能焚烧时，要选择安全场所，按照要求填埋，不使其裸露在地面上。

⑧ 废液处理前可尽量浓缩，进行减量化处理，减少贮存体积以及后续处理量。

⑨ 对具有放射性的废弃物，放射性水平极低的废液可采取排入海洋、河流和湖泊等水域的方法，利用水体的稀释及扩散作用将其放射性水平降至安全无害的水平；而对于其它放射性水平的放射性废液，需要采取措施，采取将其与人类的生活环境长期隔离，让其自然衰变，等待放射性废液的放射性水平降至最低限度。

4.3.2　处理时注意事项

① 不同的废弃物要分类收集、贮存，并制定相应的处理方法。实验室废弃物处理时，要根据废弃物的物性、组成、浓度、有害性、易燃易爆性、感染性、放射性等进行不同的处理。不同的废弃物应有不同的贮存方法，不能随意倒入下水道，也不能随意丢弃在垃圾桶。尤其具有危害性、污染性、感染性、易燃易爆性废弃物的处理，应制定相应的处理措施，在实验室预处理的基础上，进行统一收集处理，并有一定的规范记录。

② 废弃物的物性、组成不同，在处理过程中，可能会有产生有毒有害气体、大量放热、爆炸等危险发生。因而，处理前必须充分了解废弃物的性质，分析处理过程中可能出现的状况，避免发生或提前做好应对措施，然后再进行处理。在处理过程中，必须边操作边注意观察，一定要有安全意识。

③ 在收集贮存前要了解各废弃物之间的相容性，不同废弃物在混合放置之前要检测其相容性，禁止将不相容的废液混装在同一废液桶内，以防发生化学反应出现爆炸、有毒气体释放等危险情况。同时废弃物盛装容器上要有显著的标签，按标签指示分门别类倒入相应的废液收集桶中，且要及时密封，防止有害物质挥发出来。

④ 要选择没有破损及不会被废液腐蚀的容器进行收集。将所收集的废液的成分及含量，标于明显的标签，并置于安全的地点保存。特别是量大的废液，尤其要十分注意。

⑤ 不能随意掩埋、丢弃有害、有毒废渣、废弃化学品，须放入专门的收集桶中。危险物品的空器皿、包装物等，必须完全消除危害后，才能改为他用或弃用。

⑥ 对浓度较小或者量少的废物，经无害化处理后可以排放或倒入废液缸中统一处理。对浓度较高或者量大的废物应及时回收处理，或定期统一处理。

⑦ 有些废液不能互相混合，过氧化物与有机物；氰化物、硫化物、次氯酸盐

与酸；盐酸、氢氟酸等挥发性酸与不挥发性酸；浓硫酸、磺酸、羟基酸、聚磷酸等酸类与其他的酸；铵盐、挥发性胺与碱。

⑧ 对有臭味的废弃物（如硫醇）、会释放出有毒有害气体的废弃物及易燃的废气物要进行适当的处理，防止泄露出来，并尽快处理掉。

⑨ 对含有过氧化物、硝化甘油之类爆炸性物质的废弃物，要谨慎地处理，远离热源，避免碰撞摩擦，并应尽快处理。

⑩ 在实验过程中，由于操作不慎、容器破损等原因，造成危险物质撒泼或倾翻在地上，要及时快速进行处理，降低人员在危害物中的暴露。首先是要用药剂与危害物进行中和、氧化或还原等反应，破坏或减弱其危害性；再用大量水喷射冲洗。如为固体污染物，可先扫除再用水冲；如为黏稠状污染物、油漆等不易冲洗，可用沙揉搓和铲除；如为渗透性污物，如联苯胺、煤焦油等，经洗刷后再用蒸气促其蒸发来清除污染。

4.4 废弃物处理方法

4.4.1 固体废弃物的处理

实验室产生的有害固体废弃物通常量不多，但也不能与生活垃圾混在一起丢弃，必须按规定进行处理，方法有化学稳定、土地填埋、焚烧处理、生物处理等。若固体废弃物可以燃烧，应及时焚烧处理；若为非可燃性固体废弃物，应加漂白粉进行氯化消毒后，进行填埋处理；一次性使用制品，如手套、帽子、口罩、滴管等，使用后应放入指定容器收集后焚烧；可重复利用的玻璃器材，可先用 1 ~ 3g/L 有效氯溶液浸泡 2 ~ 6h，再清洗后重新使用或废弃；盛标本的玻璃、塑料、搪瓷容器，可煮沸 15min，或用 1g/L 有效氯漂白粉澄清液浸泡 2 ~ 6h 消毒后，再用洗涤剂及清水刷洗、沥干；若曾用于微生物培养，须用压力蒸气灭菌后使用。

常见的处理方式有以下几种[5 ~ 7]。

（1）对固体废弃物的预处理

固体废弃物复杂多样，其形状、大小、结构与性质各异，为了使其转变的更适合运输、贮存、资源化利用，以及可利用某一特定的处理处置方式的状态，往往需要进行一些前期准备加工程序，即预处理。预处理的目的是使废物减容以利于运输、贮存、焚烧或填埋等。固体废弃物的预处理一般可分为两种情况：一种情况是分选作业之前的预处理，主要包括筛分、分级、压实、破碎和粉磨等操作，使得废弃物单体分离或分成适当的级别，更有利于下一步工序的进行；另一种情况是运输前或处理前的预处理，通过物理或化学的方法来完成，主要包括破碎、压缩和各种固化方法等的操作。预处理的操作常常涉及其中某些目标物质的分离和集中，同时，往往又是有用成分从其中回收的过程。

（2）物理法处理固体废弃物

指的是通过利用固体废弃物物理化学性质，用合适的方法从其中分选或者分离出有用和有害的固体物质。常用的分选方法有：重力分选、电力分选、磁力分选、弹道分选、光电分选、浮选和摩擦分选等。

（3）化学法处理固体废弃物

指的是通过让固体废弃物发生一系列的化学变化，进而可以转换成能够回收的有用物质或能源。常见的化学处理方法有煅烧、焙烧、烧结、热分解、溶剂浸出、电力辐射、焚烧等。

（4）生物法处理固体废弃物

指的是利用微生物的作用来处理固体废弃物。此方法的主要是利用微生物本身的生物－化学作用，使复杂的有机物降解成为简单的小分子物质，使有毒的物质转化成为无毒的物质。常见的生物处理法有沼气发酵和堆肥。

（5）固体废弃物的最终处理

对于没有任何利用价值或暂时不能回收利用的有毒有害固体废弃物，就需要进行最终处理。常见的最终处理的方法有焚烧法、掩埋法、海洋投弃法等。但是，固体废弃物在掩埋和投弃入海洋之前都需要进行无害化的处理，而且深埋在远离人类聚集的指定的地点，并要对掩埋地点做下记录。

4.4.2　废液的处理

废液的处理方法有物理法、化学法及生物法。

物理方法处理主要是利用物理原理和机械作用，对废液进行治理，方法简便易行，是废水处理的重要方法。物理法包含有沉淀法、气浮法、过滤法、吸附法、离子交换法、膜处理等方法。沉淀法是利用污染物与水密度的差异，使水中悬浮污染物分离出来，从而达到废水处理的目的。沉淀法可以单独作为废水的处理方法，也可以作为生物法的预处理。气浮法是通过将空气通入废水中，并形成大量的微小气泡，这些气泡附着在悬浮颗粒上，共同快速上浮到水面，实现颗粒与水的快速分离。形成的浮渣用刮渣机从气浮池中排出。气浮法特别适合于去除密度接近于水的颗粒，如水中的细小悬浮物、藻类、微絮体、悬浮油、乳化油等。过滤法是利用过滤介质将废水中的悬浮物截留。吸附法是利用具有较大吸附能力的吸附剂，如活性炭，使水中的污染物被吸附在固体表面而去除的方法。离子交换法是利用离子交换剂的离子交换作用来置换废水中离子态污染物的方法，常用的离子交换剂有沸石、离子交换树脂等。膜处理是新兴的废水处理技术，是利用半渗透膜进行分子过滤，使废水中的水通过特殊的膜材料，而水中的悬浮物和溶质被分离在膜的另一边，从而达到废水处理的目的。

化学法是指向废水中加入化学物质，使之与污染物发生化学反应。通过化学反应使污染物转变为无害的新物质，或者转变成易分离的物质，再设法将其分离除去。常见的化学法有中和法、化学沉淀法、氧化还原法、混凝法等。中和法常用于废酸液和废碱液的处理。实验室废水中有较多的酸废水和含碱废水，可将废酸液和废碱液混合，或加入化学药剂，将溶液的 pH 值调至中性附近，消除其危害。化学沉淀法是通过向废液中投加化学物质，与污染物发生反应生成沉淀，再通过沉降、离心、过滤等方法进行固液分离，从而达到去除污染物的目的。该方法是处理含重金属离子的废液最有效的方法。氧化还原法是通过氧化还原反应将废液中的污染物转化为无毒或毒性较小的物质，达到净化废液的目的，电解法也属于氧化还原法。常用的氧化剂有空气中的氧、纯氧、臭氧、氯气、漂白粉、次氯酸钠、高锰酸钾等；常用的还原剂有硫酸亚铁、亚硫酸盐、氯化亚铁、铁屑、锌粉、硼氢化钠等。混凝法是通过向废液中加入混凝剂，使得其中的污染物颗粒成絮凝体沉降而达到去除目的。常用的混凝剂有明矾、硫酸亚铁、聚丙烯酰胺等。

生物法是利用微生物的新陈代谢作用将有机污染物降解，适用于含有机物废水的处理。生物法可分为好氧生物处理法、厌氧生物处理法以及生物酶法。好氧处理法是微生物在有氧的条件下，利用废水中的有机污染物质作为营养源进行新陈代谢活动，有机污染物被降解及转化。厌氧处理法是利用厌氧微生物或兼氧微生物将有机物降解为甲烷、二氧化碳等物质。生物酶处理法是在废水中加入酶制剂，有机污染物与酶反应形成游离基，然后游离基发生化学聚合反应生成高分子化合物沉淀而被去除。

4.4.3　废气的处理

实验室的废气具有量少且多变的特点，对于废气的处理就应满足两点要求：第一个要求是要控制实验的环境里的有害气体不得超过现行规定的空气中的有害物质的最高容许的浓度；第二个要求是要控制排出的气体不得超过居民区大气中有害物质的最高容许浓度。实验室排出的废气量较少时，一般可由通风装置直接排出室外，但排气口必须高于附近屋顶 3m。少数实验室若排放毒性大且量较多的气体，可参考工业废气处理办法，在排放废气之前，采用吸收、吸附、回流燃烧等方法进行处理。

（1）吸收法

采用合适的液体作为吸收剂来处理废气，达到除去其中有毒害气体的目的的方法。一般分为物理吸收和化学吸收两种。比较常见的吸收溶液、有水、酸性溶液、碱性溶液、有机溶液和氧化剂溶液。它们可以被用于净化含有 SO_2、Cl_2、NO_x、H_2S、HF、NH_3、HCl、酸雾、汞蒸气、各种有机蒸气以及沥青烟等废气。有些溶液在吸收完废气后又可以被用于配制某些定性化学试剂的母液。

（2）固体吸附法

吸附是一种常见的废气净化方法，一般适合用于对废气中含有的低浓度的污染物质的净化，是利用大比表面积、多孔的吸附剂的吸附作用，将废气中含有的污染物（吸附质）吸附在吸附剂表面，从而达到分离有害物质，净化气体的目的。根据吸附剂与吸附质之间的作用力不同，可分为物理吸附（通过分子间的范德华力作用）和化学吸附（化学键作用）。常见的吸附剂有活性炭、活性氧化铝、硅胶、硅藻土以及分子筛等。吸附常见的有机及无机气体，可以选择将适量活性炭或者新制取的木炭粉，放入有残留废气的容器中；若要选择性吸收 H_2S、SO_2 及汞蒸气，可以用硅藻土；分子筛可以选择性吸附 NO_x、CS_2、H_2S、NH_3、CCl_4、烃类等气体。

（3）回流法

对于易液化的气体，可以通过特定的装置使易挥发的污染物，在通过装置时可以在空气的冷液化为液体，再沿着长玻璃管的内壁回流到特定的反应装置中。如在制取溴苯时，可以在装置上连接一根足够长的玻璃管，使蒸发出来的苯或溴沿着长玻璃管内壁回流到反应装置中。

（4）燃烧法

通过燃烧的方法来去除有毒害气体。这是一种有效的处理有机气体的方法，尤其适合处理量大而浓度比较低的含有苯类、酮类、醛类、醇类等各种有机物的废气。如对于 CO 尾气的处理以及 H_2S 等的处理，一般都会采用此法。

（5）颗粒物的捕集

在废气中去除或捕集那些以固态的或液态形式存的颗粒污染物，这个过程一般称为除尘。除尘的工艺过程是先将含尘气体引入具有一种或是几种不同作用力的除尘器中，使颗粒物相对于运载气流可以产生一定的位移，从而达到从气流中分离出来的目的，然后颗粒物沉降到捕集器表面上被捕集。根据颗粒物的分离原理，除尘装置一般可以分为过滤式除尘器、机械式除尘器、湿式除尘器以及静电除尘器。

（6）其它方法

还有其它的一些方法可以净化空气，如臭氧氧化法，可与很多无机及有机污染物发生氧化还原反应，达到降解污染物、净化气体的目的；光催化技术可将气体中的有机物降解；等离子体技术，是利用高能电子射线激发、离解、电离废气中各组分，使其处于活化状态，再发生反应将有害物转化为无害物质形式的一种方法，可以处理成分复杂的废气。

4.4.4　放射性废弃物处理

采用一般的物理方法、化学方法及生物方法处理放射性废弃物无法将放射性物质去除或破坏，只有依靠其自身的衰变使其放射性衰减到一定的水平，如碘-131、磷-32等半衰期短的放射性废弃物，通常在放置十个半衰期后进行排放或焚烧处理。而对于许多半衰期十分长的放射性废弃物，如铁-59、钴-60等，以及一些放射性废弃物衰变成新的放射物，需经过专门的处理后，装入特定容器集中埋于放射性废弃物坑内。

① 放射性废气通常会先进行预过滤，再通过高效过滤后排出。

② 放射性废液如果其放射性水平符合国家放射性污染排放标准可以将其排入下水道，但必须注意排水系统，不能使其造成放射性物质积累而使放射性水平超标。放射性水平比容许排放的水平高的液体废弃物应贮存起来，让其逐渐衰变至安全水平，或者采取某种特殊方法处理。放射性废液的处理方法主要有稀释排放法、放置衰变法、混凝沉降法、离子变换法、蒸发法、沥青固化法、水泥固化法、塑料固化法、玻璃固化法等。

③ 放射性固体废弃物主要是指被放射性物质污染而不能再用的各种物体。固态废物须贮存起来等待处理或让其放射性衰变。处理方法主要有焚烧、压缩、去污、包装等。

4.4.5　生物性废弃物处理

实验室废弃物中的生物活性实验材料特别是细胞和微生物必须及时进行灭活和消毒处理。微生物培养过的琼脂平板应采用压力灭菌30min，趁热将琼脂倒弃处理，未经有效处理的固体废弃培养基不能作为日常生活垃圾处置；液体废弃物如菌液等需用15%次氯酸钠消毒30min，稀释后排放，最大限度地减轻对周围环境的影响。尿液、唾液、血液等样本加漂白粉搅拌作用2～4h后，倒入化粪池或厕所，或进行焚烧处理。

同时，无论在动物房或实验室，凡废弃的实验动物尸体或器官必须及时按要求进行消毒，并用专用塑料袋密封后冷冻储存，统一送有关部门集中焚烧处理，禁止随意丢弃动物尸体与器官；严禁随意堆放动物排泄物，与动物有关的垃圾必须存放在指定的塑料垃圾袋内，并及时用过氧乙酸消毒处理后方可运离实验室。

高级别生物安全实验室的污染物和废弃物的排放的首要原则是必须在实验室内对所有的废弃物进行净化、高压灭菌或焚烧，确保感染性生物因子的“零排放”。

生物实验过程中产生的一次性使用的制品如手套、帽子、工作服、口罩、吸头、吸管、离心管、注射器、包装等使用后放入污物袋内集中烧毁；可重复利用的玻璃器材如玻片、吸管、玻璃瓶等可以用 1 ~ 3g/L 有效氯溶液浸泡 2 ~ 6h，然后清洗重新使用，或者废弃；盛标本的玻璃、塑料、搪瓷容器煮沸 15min 或者用 1g/L 有效氯漂白粉澄清液浸泡 2 ~ 6h，消毒后可清洗重新使用；无法回收利用的器材，尤其是废弃的锐器（如污染的一次性针头、碎玻璃等），因容易致人损伤，通过耐扎容器分类收集后应送焚烧站焚烧毁形后掩埋处理。

4.4.6　常见废弃物的处理

4.4.6.1　废酸、废碱液的处理[5, 8 ~ 10]

在实验室中，经常要用到各种酸、碱，并产生较多的废酸液、废碱液。对废酸、废碱液的处理一般采取中和法，即调 pH 至中性左右。一般是将收集的废酸废碱倒进废液缸相互中和或加入酸碱物质进行中和。例如，含无机酸类废液，将废酸液慢慢倒入过量的含碳酸钠或氢氧化钙的水溶液中或用废碱互相中和；含氢氧化钠、氨水的废碱液，用盐酸或硫酸溶液中和，或用废酸互相中和。当溶液 pH 调至 6 ~ 8 时，再用大量水把它稀释到 1% 以下的浓度后，即可排放。排放后用大量的清水冲洗。

4.4.6.2　含磷废液的处理

对含有黄磷、磷化氢、卤氧化磷、卤化磷、硫化磷等废液，可在碱性条件下，先用双氧水将其氧化后作为磷酸盐废液进行处理。对缩聚磷酸盐的废液，应用硫酸将其酸化，然后将其煮沸进行水解处理。

4.4.6.3　含无机卤化物废液的处理

对含无机卤化物的废液处理，如含 $AlBr_3$、$AlCl_3$、$SnCl_2$、$TiCl_4$、$FeCl_3$ 等无机类卤化物的废液，可将其放入蒸发皿中，撒上 1∶1 的高岭土与碳酸钠干燥混合物，将它们充分混合后，喷洒 1∶1 的氨水，至没有 NH_4Cl 白烟放出为止。再将其中和，静置析出沉淀。再将沉淀物过滤掉，滤液中若无重金属离子，则用大量水稀释滤液，即可进行排放。

4.4.6.4　含氟废液的处理

在处理含氟废液时，在废液中加入消石灰乳，至废液呈碱性为止，充分搅拌后，静置一段时间，再进行过滤除去沉淀。滤液作为含碱废液进行处理。若此法不能将含氟量降低到 8mg/kg 以下，要进一步降低含氟量，可用阴离子交换树脂做进一步处理。

4.4.6.5　重金属离子废液的处理

对含有锌、镉、汞、锰等重金属离子的废液的处理常采用化学沉淀法，常用的有硫化物沉淀法和碱液沉淀法。即加入碱或硫化钠，使重金属离子变成难溶性的氢氧化物或硫化物而沉积下来，然后再通过过滤除去含重金属的沉淀。

碱液沉淀法的操作步骤如下：首先在废液中注入 $FeCl_3$ 或 $Fe_2(SO_4)_3$ 后，充分搅拌；然后将 $Ca(OH)_2$ 制成乳状后再加入上述废液中，调节 pH 为 9 ~ 11，如果 pH 过高，沉淀便会溶解；静置过夜，过滤沉淀物；最后滤液中经检查无重金属离子后，即可进行排放。常见的含重金属废液的处理如下：

（1）含铬废液的处理

实验室可采用氧化还原 – 中和法处理含铬废液，即向含铬废液中投加还原剂（如硫酸亚铁、亚硫酸氢钠、二氧化硫、水合肼等），在酸性条件下将 Cr（Ⅵ）还原至 Cr（Ⅲ），然后投加碱剂（如氢氧化钠、氢氧化钙、碳酸钠等），调节 pH 至中性左右，使 Cr^{3+} 形成低毒性的 $Cr(OH)_3$ 沉淀除去，并经脱水干燥后综合利用。

（2）汞的处理

温度计等含汞玻璃仪器不小心打碎致使汞撒漏，须立即用滴管、毛笔等收集起来用水覆盖，并在地面喷洒 20% 三氯化铁水溶液或硫黄粉后清扫干净。如室内汞蒸气浓度＞ 0.01mg/m^3 可用碘净化，生成不易挥发的碘化汞。含汞的废气可以通过高锰酸钾溶液，除去汞而排放。

含汞盐的废液处理有化学凝聚法和汞齐提取法。化学凝聚法可先调节 pH 至 6 ~ 10，加入过量硫化钠，生成硫化汞沉淀，再加入硫酸亚铁等混凝剂，过滤掉沉淀，滤液可用活性炭吸附或离子交换等方法进一步处理。汞齐提取法是在含汞废液中加入锌屑或铝屑，锌或铝可将废液中的汞置换析出来，汞还能与锌生成锌汞齐，从而使废水达到净化的目的。

（3）含砷废液的处理

可以加入 $FeCl_3$ 溶液及石灰乳，调 pH 至 8 ~ 10，使砷化物沉淀而分离。也可以在废液中加入硫化钠生成硫化砷而除去。

（4）含锰废物的处理

含锰离子废液可以与碱、碳酸盐及硫化物反应生成相应的氢氧化锰、碳酸锰及硫化锰沉淀，过滤后去除，滤液可直接排放。用作催化剂的二氧化锰可加快反应速度，但本身并没有损耗。其回收处理方法是，将混合物溶解于水，经多次洗涤、过滤，把滤渣蒸干便可得到二氧化锰。

（5）含钡废液的处理

含钡废液的处理，只要在废液中加入Na_2SO_4溶液，过滤掉生成的沉淀物$BaSO_4$后，滤液即可进行排放。

（6）含银废液的处理

含有银的废液可用沉淀法、电解法以及置换法处理。实验室由于废液产生的量相对较少，一般常用沉淀法处理，即加入硫化物或氯化钠、盐酸，产生硫化银或氯化银沉淀，过滤去除回收。

（7）含铅废液处理

含铅废液处理可用石灰乳做沉淀剂，使Pb^{2+}生成$Pb(OH)_2$沉淀，再吸收空气中的CO_2气体变为溶解度更小的$PbCO_3$沉淀，沉淀经洗涤过滤后可回收利用。

4.4.6.6 氰化物的处理

在废液中加入NaOH溶液，调pH至碱性，然后加入约10%的NaOCl，搅拌约20min，再加入NaOCl溶液，搅拌后，放置数小时，加入盐酸，调节pH至7.5～8.5，放置过夜。加入过量的Na_2SO_3，还原剩余的氯。经检测废液确实没有CN^-后才可排放。

氰化钠、氰化钾等氰化物撒漏，可用硫代硫酸钠溶液浇在污染处，使其生成毒性较低的硫氰酸盐，然后再用热水冲，最后用冷水冲。也可用硫酸亚铁、高锰酸钾、次氯酸钠代替硫代硫酸钠。

4.4.6.7 有机废液的处理

有机废弃液的处理方法，有焚烧法、溶剂萃取法、吸附法、氧化分解法、水解法及生物化学处理法等。对于易被生物分解的物质，其稀溶液用水稀释后，即可排放。对有机废液中的可燃性物质，用焚烧法处理。对难于燃烧的物质及可燃性物质的低浓度废液，则用溶剂萃取法、吸附法、氧化分解法及生物法处理。如果废液中含有重金属时，要保管好焚烧残渣，以免排放造成新的污染。

（1）焚烧法

焚烧法处理有机废弃液指的就是在高温的条件下对有机物进行深度氧化分解，促使其生成水、CO_2等对环境无害的产物，然后将这些产物排入大气中，是工业上常用的有机废液处理方法。焚烧有机物要尽量避免因燃烧不完全产生新的污染物。实验室产生的有机废液相对较少，可把它装入铁制或瓷制容器，选择室外安全的地方把它燃烧。点火时，取一长棒，在其一端扎上沾有油类的布，或用木片等，站在上风方向进行点火燃烧。并且，必须监视至烧完为止。对难于燃烧的物质，可把它与可燃性物质混合燃烧，或者把它喷入配备有助燃器的焚烧炉中燃烧。对含水的高浓度有机类废液，此法亦能进行焚烧。对会产生有毒有害气体的废液进行焚烧处理，需要在装有洗涤器的焚烧炉中进行，产生的燃烧废气被洗涤器吸收除去后才能排放。

（2）溶剂萃取法

萃取是利用物质在两种互不相溶（或微溶）的溶剂中溶解度或分配系数的不同，使溶质物质从一种溶剂内转移到另外一种溶剂中的方法。有机废液经过反复多次的萃取，就可以将很大一部分的化合物质提取回收。

（3）吸附法

对一些有机物质含量相对较低的废液处理可用活性炭、硅藻土、矾土、层片状织物、聚丙烯、聚酯片、氨基甲酸乙酯泡沫塑料、稻草屑及锯末之类吸附剂吸附有机物，充分吸附后，与吸附剂一起焚烧。

（4）氧化分解法

氧化分解法最常采用的工艺过程是先让废弃液经过一系列氧化还原的反应，而使高毒性的污染物质转化成为低毒性的污染物质，然后再通过其它方法将其除去。常用的氧化剂有 H_2O_2、$KMnO_4$、NaOCl、H_2SO_4+HNO_3、HNO_3+$HClO_4$、H_2SO_4+$HClO_4$ 及废铬酸混合液等。

（5）水解法

对含有容易发生水解的物质的废液的处理，如有机酸或无机酸的酯类，以及一部分有机磷化合物等，可加入 NaOH 或 $Ca(OH)_2$，在室温或加热下进行水解。水解后，若废液无毒害，把它中和、稀释后，即可排放；如果含有有害物质，用吸附等适当的方法加以处理。

（6）生物化学处理法

废弃液中生物化学处理法指的是利用微生物的代谢，使废弃液中的呈现溶解或胶体状态的有机污染物质转化成为无害的污染物质，从而达到净化目的的方法。

具体的一些有机废液处理方法如下。

（1）甲醇、乙醇及醋酸等的废液

由于甲醇、乙醇及醋酸等易被自然界细菌分解，故对含有这类溶剂的稀溶液，经用大量水稀释后，即可排放。对甲醇、乙醇、丙酮及苯等用量较大的溶剂，可通过蒸馏、精馏、萃取等方法将其回收利用。

（2）油、动植物性油脂的废液

对于含石油、动植物性油脂的废液，如含苯、已烷、二甲苯、甲苯、煤油、轻油、重油、润滑油、切削油、冷却油、动植物性油脂及液体和固体脂肪酸等的废液，可用焚烧法进行处理；对其难于燃烧的物质及低浓度的废液，则可用溶剂萃取法或吸附法处理；对含机油等物质的废液，含有重金属时，要保管好焚烧残渣。

（3）含 N、S 及卤素类的有机废液

此类废液包含的物质有：吡啶、喹啉、甲基吡啶、氨基酸、酰胺、二甲基甲酰胺、苯胺、二硫化碳、硫醇、烷基硫、硫脲、硫酰胺、噻吩、二甲亚砜、氯仿、四氯化碳、氯乙烯类、氯苯类、酰卤化物和含 N、S、卤素的染料、农药、医药、颜料及其中间体等。对其可燃性物质，用焚烧法处理，但必须采取措施除去由燃烧而产生的有害气体（如 SO_2、HCl、NO_2 等），如在焚烧炉中装有洗涤器。对多氯联苯等物质，会有一部分因难以燃烧而残留，要加以注意，避免直接排出。对难于燃烧的物质及低浓度的废液，用溶剂萃取法、吸附法及水解法进行处理。但对氨基酸等易被微生物分解的物质，经用水稀释后，即可排放。

（4）酚类物质的废液

此类废液包含的物质有：苯酚、甲酚、萘酚等。对其浓度大的可燃性物质，可用焚烧法处理，或用乙酸丁酯萃取，再用少量氢氧化钠溶液反萃取，经调节 pH 后进行重蒸馏回收；对浓度低的废液，则用吸附法、溶剂萃取法或氧化分解法处理。如可以加入次氯酸钠或漂白粉，使酚转化成邻苯二酚、邻苯二醌、顺丁烯二酸。

（5）苯废液

含苯的废液可以用萃取、吸附富集等方法回收利用，还可以采用焚烧法处理，即将其置于铁器内，在室外空旷地方点燃至完全燃尽为止。

（6）有酸、碱、氧化剂、还原剂及无机盐类的有机类废液。

此类废液包括：含有硫酸、盐酸、硝酸等酸类，含有氢氧化钠、碳酸钠、氨等碱类，以及含有过氧化氢、过氧化物等氧化剂与硫化物、联氨等还原剂的有机类废液。首先，按无机类废液的处理方法，先将废液中和。然后，若有机类物质浓度大，用焚烧法处理。若能分离出有机层和水层时，则将有机层焚烧，对水层或其浓度低的废液，则用吸附法、溶剂萃取法或氧化分解法进行处理。但是，对易被微生物分解的物质，用水稀释后，即可排放。

（7）重金属等物质的有机废液

可先将其中的有机质分解，再作为无机类废液进行处理。

（8）有机磷的废液。

此类废液包括：含磷酸、亚磷酸、硫代磷酸及磷酸酯类，磷化氢类以及含磷农药等物质的废液。对其浓度高的废液进行焚烧处理（因含难于燃烧的物质多，故可与可燃性物质混合进行焚烧）；对浓度低的废液，经水解或溶剂萃取后，用吸附法进行处理。

（9）含天然及合成高分子化合物的废液

此类废液包括：含有聚乙烯、聚乙烯醇、聚苯乙烯、聚二醇等合成高分子化合物，以及蛋白质、木质素、纤维素、淀粉、橡胶等天然高分子化合物的废液。对其含有可燃性物质的废液，用焚烧法处理；而对难以焚烧的物质及含水的低浓度废液，经浓缩后，将其焚烧；但对蛋白质、淀粉等易被微生物分解的物质，其稀溶液不经处理即可排放。

4.4.6.8 常用药剂撒漏处理方法

① 对硫、磷及其它有机磷剧毒农药，如苯硫磷等撒泼后，可先用石灰将撒泼的药液吸去，再用碱液透湿污染处，然后用热水及冷水冲洗干净。因为含磷农药，大部分属磷酸酯类或硫代磷酸酯类药物，在碱性溶液中会迅速分解、失去毒性。

② 硫酸二甲酯撒漏后，先用氨水洒在污染处，使起中和，也可用漂白粉加五倍水浸湿污染处，再用碱水浸湿，最后用热水和冷水各冲一遍。

③ 甲醛撒漏后，可用漂白粉加五倍水浸湿污染处，使甲醛遇漂白粉氧化成甲酸，再用水冲洗干净。

④ 苯胺撒漏后，可用稀盐酸溶液浸湿污染处，再用水冲洗。因为苯胺呈碱性，能与盐酸反应生成盐酸盐，如用硫酸溶液，可生成硫酸盐。

⑤ 盛磷容器破裂，一旦脱水将产生自燃，故切勿直接接触，应用工具将磷迅速移入盛水容器中。污染处先用石灰乳浸湿，再用水冲。被黄磷污染的工具可用5%硫酸铜溶液冲洗。

⑥ 砷撒漏可用碱水和氢氧化铁解毒，再用水冲洗干净。

⑦ 溴撒漏可用氨水使生成铵盐，再用水冲洗干净。

参考文献

[1] 罗一帆，汤又文，孙峰，等. 高校化学实验室安全管理的探讨[J]. 实验技术与管理，2009，26(4)：147-149.

[2] 祝优珍. 实验室污染与防治[M]. 北京：化学工业出版社，2006.

[3] 钱小明. 高校实验室化学废弃物的处理与思考[J]. 实验技术与管理，2010，27(2)：158-160.

[4] 何积秀，张建英，倪吾钟，等. 高校实验室废弃物污染的现状及防治措施[J]. 实验技术与管理，2008，25(9)：160-162.

［5］ 杨江红 . 实验室废弃物处理方法探讨［J］. 广东化工，2014，41（12）：161-163.
［6］ 戚红华 . 浅议高校化学实验室常见废弃物的处理方法［J］. 广东化工，2012，39（9）：229-230.
［7］ 刘友平 . 实验室管理与安全［M］. 北京：中国医药科技出版社，2014.
［8］ 沈永玲，吴泓毅，李善茂，等 . 实验室环境污染与废弃物处理［J］. 分析仪器，2009，2009（3）：78-83.
［9］ 杨一微 . 理化实验室常见化学废弃物处理的几点办法［J］. 中国保健营养旬刊，2013，23（4）：2204-2204.
［10］ 何晋浙 . 高校实验室安全管理与技术［M］. 北京：中国计量出版社，2009.

第5章

实验室安全事故介绍及案例分析

5.1 2008年加州大学洛杉矶分校（UCLA）化学实验室火灾事故

（1）事故介绍

2008年12月29日下午14时左右，加州州立大学洛杉矶分校（UCLA）分子科学大楼四楼一间实验室内一位女性助理Sangji女士在进行化学实验时不慎着火。虽然同实验室实验人员协助灭火并打119求救，并且消防车在12min内赶到并将火扑灭，但该女性助理的头、手、手臂及上身还是造成约40%部位二至三级烧烫伤，当即立刻被送到附近医院抢救，之后再转烧烫伤中心治疗，不幸的是该女性助理在18天之后（1月16日）不治身亡。

（2）Sheharbano Sangji 教育背景

失去生命的女性助理名叫Sheharbano Sangji，23岁。2008年5月，从Pomona College化学系获得化学学士学位。Sangji女士自二年级开始在该校化学系Daniel O' Leary教授实验室中做了三年有关环肽化学研究，期间与O' Leary教授联名发表2篇论文。Sangji女士毕业后到Norac Pharma公司工作。2008年10月13日离职到加州大学化学暨生物化学系Patrick Harran教授实验室担任助理工作。

（3）实验方案

Sangji女士实验操作为利用4–癸酮（4–decanone）4–癸酮和乙烯基锂（vinyl lithium）在乙醚中反应生成4–羟基–4–乙烯基癸烷（4–hydroxy–4–vinyldecane）4–羟基–4–乙烯基癸烷的反应，化学方程式如图5–1所示。

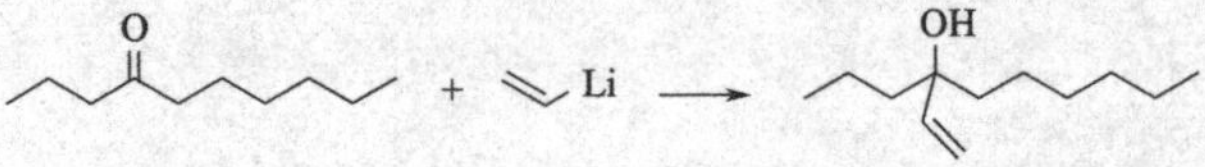

图 5-1 4-hydroxy-4-vinyldecane 合成路线

vinyl lithium 在空气中能自燃，Sangji 女士在做上述实验之前是制备 vinyl lithium。根据实验记录：采取乙烯溴（vinyl bromide）在乙醚中和三级丁烷锂（*t*-butyl lithium）反应完成，反应如图 5-2：

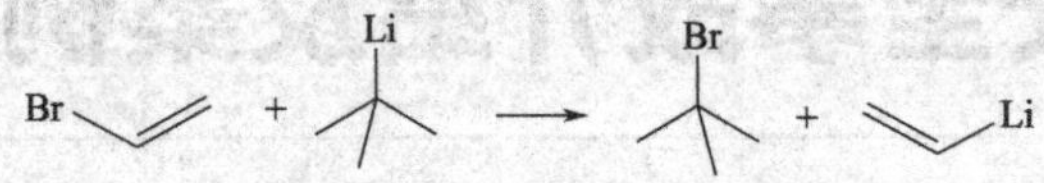

图 5-2 vinyl lithium 合成路线

诺贝尔得主 E. J. Corey 事后认为上述的实验方案选择可以接受，反应的产率最高，尤其使用 2 份 *t*-butyl lithium 和 1 份 vinyl bormide 作用可产生纯的 vinyl lithium。他也强调该反应也可以用 Grignard 试剂代替乙烯锂，但是反应的副产物较多，产率下降。三级丁烷锂化学性质也不稳定，极易燃烧，所以上述 2 个实验要连续完成。

在此次意外发生前，根据实验记录，在 2008 年 10 月 19 日 Sangji 女士将上述的实验做过一次，具体过程为：她先准备了乙烯锂之后，用了两头尖的细管（double-tipped needle）针筒吸出来，注入到盛有 4-decanone 的乙醚溶液进行反应。此次反应得到 4-hydroxy-4- vinyldecane 3.60g，产率 86.75%。在 2008 年 12 月 29 日，Sangji 女士在重复上述实验时，她目标是上次的三倍产量。因此，她计算出需三级丁烷锂 159.5mL 和乙烯溴 9mL。她使用一支配有 5cm 20 号针头的 60mL 容量注射器吸取三级丁烷锂。每次吸取 50mL，随后注入乙烯溴溶液中。但是，在操作过程中，她将注射器塞子拔出了注射器筒。虽然实验是在一个通氮气的抽风柜中进行，但三级丁烷锂接触到空气后立刻燃烧起来。抽风柜中有一瓶己烷，虽与她实验无关，但是慌乱中 Sangji 女士将它碰倒，也立刻燃烧了起来。火势随即烧着 Sangji 女士穿着的以聚酯纤维为材质的运动衫及实验手套。悲剧由此发生。

（4）抢救

虽然实验室中有安全淋浴，但 Sangji 女士却没有及时利用。Harran 教授的一位博士后正在实验室清理实验台面，他立刻用实验衣将 Sangji 女士包起来试图将火熄灭。但因 Sangji 女士不断的尖叫和剧烈扭动的身体，不容易将她完全包住，最后不得不放弃，此时实验衣下摆也被火苗点着。然后这位博士后由水槽中取水泼向 Sangji 女士。在隔壁实验室有另一博士后（并非 Harran 教授团队人员）闻声赶来，看到着火事故后（包括仍在抽风柜中燃烧的己烷）立刻奔回自己实验室拨打 119，之后再到上一层楼 Harran 教授办公室报告。Harran 教授下来时看到 Sangji 女士的衣服从腰以上大部分已被烧掉，上半身、手臂和脖子上有大片水泡，手的皮肤几乎和肉分离。但仍有意识，要求再多浇些水。

（5）紧急救援

该校的校警于下午 2 点 54 分接到 119 电话，称有"原因未知"的化学物火灾。3min 后救援队整装出发，人员包括消防员及医护人员，装备有一辆消防车。3 点零 1 分抵达分子科学大楼，Harran 教授已等在门口，引导人员上楼。在 3 点零 6 分将火扑灭。医护人员将 Sangji 女士放在一张有轮子的椅子上移到安全淋浴下冲洗。之后送到该校里根医学中心，2009 年 1 月初转往坐落在加州 Sherman Oaks 的 Grossman 烧烫伤中心。2009 年 1 月 16 日 Sangji 女士不治死亡。

（6）原因分析

① 事情发生时 Sangji 女士并未穿实验衣（但没有人记得她是否戴了护目镜），当时她穿了一件聚酯材料做的上衣。聚酯纤维有固体汽油之称，极易引发火灾。

② 通风柜中有一瓶和实验不相关的己烷助长火势。

③ 实验需约 160 mL 液体，却用了 60 mL 的针筒。每次取 50 mL 是很容易将塞子拔出针筒。依照 Aldrich 技术公报推荐：操作此类实验要使用玻璃器具，并事先要烤干，放在惰性气体（氮气）中冷却。此次实验使用的却是塑料针筒。

④ Sangji 女士有无受过专门训练？大学期间发表论文，但不能证明大学期间是否受过训练。NoracPharma 公司总裁 Daniel Levin 说他对 Sangji 女士之印象不深，可能是工作时间太短，不过他可确定 Sangji 女士在该公司也没做过类似实验。因此，此次实验是从 Harran 教授实验室学到的，Harran 教授证实此点，他说是由一位博士后指导至少训练了 3 次。由实验记录来看 Sangji 女士确实有经验，而且成功合成出反应物，产率理想。

⑤ Harran 教授称他的实验室安全方面是遵循 Aldrich 技术公报，不过他也指出在他实验室中不用加压将危险化合物打入针筒中，而是氮气喷口将氮气注入，拔活塞时氮气补充吸入针筒的液体的体积。他怀疑 Sangji 女士可能忘了开氮气，以至于拔针筒活塞时造成负压，用力过猛而将活塞拔出针筒，正确操作如图 5-3 所示。上述说法无疑证实了实验室在安全管理上的松散。

⑥ UCLA 设立的环境健康及安全办公室每月都举办安全培训。新聘人员要在到职三个月内参加培训，但是 2008 年 10 月到职的 Sangji 女士到意外发生的那天尚未参加过。同实验室另一位早几天到职的博士后也未参加。他们将参加培训的日子尽可能延后（Sangji 女士约定排在 2009 年 1 月份讲习，刚好是她到职后的 3

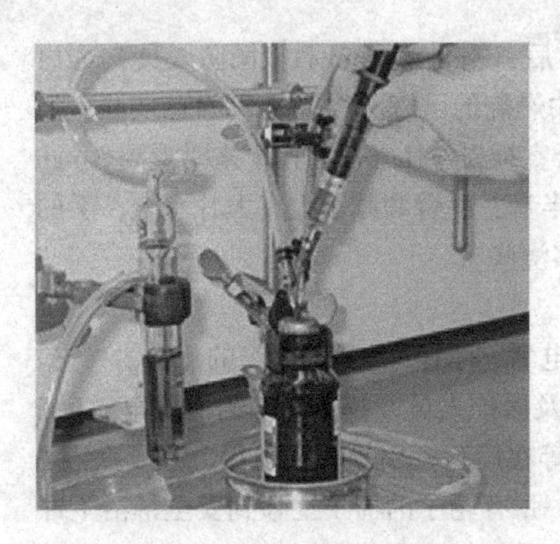
图 5-3 此次实验正确操作

个月）。

⑦ Harran 实验室是在 2008 年 7 月 1 日才由德州搬来，UCLA 给他四个月设立实验室。有些项目没有通过例行的安全检查，按规定要在 30 天之内改正。Harran 教授在 11 月 12 日写给安全主管 Wheatley 电子信要求延后到搬到永久实验室一并改正，理由是他在分子实验大楼四楼的实验室是临时性的，理由是“现在的实验室又挤又乱。” Wheatley 回复：“这不成问题”。学校行政人员对研究人员的态度是尽量给予方便。

5.2 2009 年杭州某高校一氧化碳 CO 中毒事故

（1）事故介绍

2009 年 7 月 3 日中午 12 时 30 分许，杭州某高校化学系博士研究生袁某某发现博士研究生于某昏厥倒在催化研究所 211 室，便呼喊老师寻求帮助，并于 12 时 45 分拨打 120 急救电话。袁本人随后也晕倒在地。12 时 58 分，120 急救车抵达现场，将于某和袁某某送往省立同德医院。13 时 50 分，省立同德医院急救中心宣布于某抢救无效死亡。袁某某留院观察治疗，于次日出院。

（2）事故分析

杭州市公安机关在接到报警后，立即对事件开展调查。经初步调查发现，该高校化学系教师莫某某、教师徐某某，于事发当日在化学系催化研究所做实验过程中，存在误将本应接入 307 实验室的一氧化碳气体接至通向 211 室输气管的行为。莫某某、徐某某的行为涉嫌危险物品肇事罪，公安机关已立案调查，并对其采取监视居住的强制措施。

（3）一氧化碳使用注意事项参见本书第 2 章 2.3 节实验室用气安全部分内容。

5.3 2010 年东北某高校布鲁氏菌病山羊感染事故

（1）事故介绍

2010 年 12 月间，由于东北某高校动物医学学院有关教师未按国家及黑龙江省实验动物管理规定，从哈尔滨市某养殖场购入 4 只山羊，并在以上述 4 只山羊为实验动物的 5 次实验（共涉及 4 名教师、2 名实验员、110 名学生）前，未按规定对实验山羊进行现场检疫，同时在指导学生实验过程中未能切实按照标准的实验规范，严格要求学生遵守操作规程，进行有效防护。由于上述违规行为，导致 2011 年 3 月至 5 月，学校 27 名学生及 1 名教师陆续确诊感染布鲁氏菌病。

（2）布鲁氏菌病

又名地中海弛张热、马耳他热、波浪热（undulant fever）、波状热，是一种人畜共通传染病，由布鲁氏杆菌属引致。

细菌可寄宿绵羊、山羊、猪和牛等动物，在自然生态环境中适应力较强。患者通常透过接触受感染动物的分泌物，或进食受污染的肉类或奶品而受感染，而在牧场或屠房等地方工作的人士，受感染风险会较高。人与人接触的传播较罕见。其病征与流行性感冒相似。马有被牛传染的可能性，猫在实验室里证实了可以受到感染，但没有病征。

布鲁菌侵入人体后，会使人体体温上升至 40℃以上并引发全身抽搐等症状。而依严重程度可能造成心血管系统、运动神经系统、生殖系统、脑神经系统等病变。患者宜食易于消化的食物，如：粥、热汤等。另外也宜食各种蔬菜水果等富含维生素及纤维素的食物。较不适合食用难以消化的食物如：糯米、各种肉类、油炸物等。定期对家畜做检疫，做好家畜饲养地消毒可一定程度上预防此病。

（3）事故分析

2010 年 12 月 19 日下午，东北某高校应用技术学院畜禽生产教育 0801 班 30 名学生在动物医学学院实验室进行“羊活体解剖学实验”。

实验室条件：据参加实验室同学介绍，学校的实验室有些杂乱。

实验材料 – 实验用山羊：由学校出具的《调查报告》显示：患病学生参与实验使用的 4 只实验山羊，全部来源于同一家养殖场。实验动物购买时，采购人均未按《黑龙江省实验动物管理条例》，要求养殖场出具有关检疫合格证明，实验前，指导教师也未按以上规定对其进行现场检疫。

《调查报告》中显示，鉴于布病感染的机理，同时根据患病人员均参加了以上 4 只山羊为实验动物的相关实验，断定未经检验的这 4 只山羊带有布鲁氏菌。

实验人员防护：《调查报告》中显示导致此次感染的原因还有：“在指导学生实验过程中，未能切实按照标准的试验规范，严格要求学生遵守操作章程，进行有效防护”。

此次实验事故，在实验室安全管理和实验操作上均存在漏洞。首先，在制度层面，开展动物实验所用山羊，应按照国家颁布的《实验动物管理条例》，办理相关检验检疫手续，以确保所用实验材料的安全可靠。采购实验材料的教职工，也未严格遵守该条例，在实验源头上将污染源带进实验室。其次，学生参加实验操作进行解剖时，个人防护层面也未严格执行，未对自身进行有效防护。

5.4 2010 年中国科学院某研究所实验室爆炸事故

（1）事故介绍

2010 年 6 月 9 日 13 时 40 分左右，中国科学院某研究所发生连环爆炸事件。据知情所工作人员介绍，爆炸化学物品为双氧水。此次发生爆炸的原因是过氧化氢遇到高温造成的，爆炸发生地是一个实验室的小仓库。

（2）事故原因

过氧化氢，分子式 H_2O_2，是除水外的另一种氢的氧化物。黏性比水稍微高，化学性质不稳定，一般以 30% 或 60% 的水溶液形式存放，其水溶液俗称双氧水。过氧化氢有很强的氧化性，且具弱酸性。

由于其性质活泼且容易分解，保存时应该尽量使用密闭容器，防止日光照射，而且不宜长时间储存。应储存于阴凉、通风的库房。远离火种、热源。库温不宜超过 30℃。保持容器密封。应与易（可）燃物、还原剂、活性金属粉末等分开存放，切忌混储。储存区应备有泄漏应急处理设备和合适的收容材料。

（3）相关事件

① 在 2005 年 7 月 7 日 08：50–9：47 的伦敦地铁爆炸案中，恐怖分子使用的炸药是“过氧化氢炸药”，三过氧化三丙酮，俗称 TATP，其原理是它在爆炸时并不会产生任何火焰。因为只需很少的能量就可引发炸药爆炸。且这个过程并非氧化反应而是一个分解过程。在这个过程中，TATP 分子释放出丙酮，使联在一起的氧原子散开，形成氧气和臭氧。这个过程释放出的能量足可使另一个分子发生化学反应，维持了反应的连续发生。一个 TATP 分子可以生成四个气体分子，这就是 TATP 会发生爆炸的原因。在不到一秒钟内，仅几百克的 TATP 就可产生成百上千升气体而引起着火爆炸。此次案件造成 52 人死亡。

三过氧化三丙酮是一种有机过氧化物起爆药，系过氧化丙酮的闭环三聚体，起爆力介于雷汞与叠氮化铅之间，合成路线如图 5–4。曾考虑用作雷管装药，但

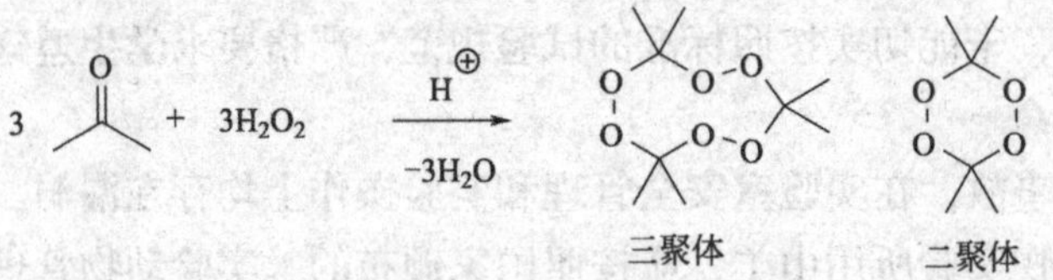

3 (丙酮) + $3H_2O_2$ $\xrightarrow[-3H_2O]{H^{\oplus}}$ 三聚体 + 二聚体

图 5–4 三过氧化三丙酮合成路线

因其易于升华的特性（于室温放置两周，质量损失可达66%）兼高机械感度，在商业与军事上并未得到广泛应用。

② 2000年8月12日，库尔斯克号核潜艇鱼雷舱中的鱼雷在发射时由于内部过氧化氢燃料与催化剂接触，剧烈反应，导致爆炸，继而引起连锁反应，引爆了鱼雷舱中的所有鱼雷，彻底炸毁潜艇的前部，全艇118人无人生还。

5.5　2013年南京某高校实验室爆炸事故

（1）事故介绍

2013年4月30日，南京某高校内一平房实验室发生爆炸，引发房屋坍塌，附近居民多家玻璃被震碎，目前已造成2人受伤，3人被埋。随即，南京市委宣传部官方微博“南京发布”称，9点左右，一施工队在该高校一废弃实验室（平房）拆迁施工，发生意外事故。

（2）事故原因

此次事故事发地为该校废弃化学实验室。在爆炸发生之前，实验室内有一定数量丢弃的化学药品和储气罐。拆迁工人在对储气罐切割时发生火灾，在随后进行灭火时，发生爆炸，导致事故发生。

实验室内残留的化学药品，其化学特性未知。储气罐内气体具体名称和残留量也未知，在此状态下进行处理，是引发事故发生的前提。

因此，针对实验室废弃化学品的处理，应严格按照化学品特定的处理方法予以处理，切勿直接将丢弃作为处理手段。另外，废弃储气瓶的处理，也应严格按照具体的操作流程进行报废处理。

5.6　2015年北京某知名高校化学实验室事故

（1）事故介绍

2015年12月18日上午10时10分左右，北京某知名高校化学系一间实验室发生爆炸火灾事故，一名正在做实验的博士后当场死亡。

（2）事故原因

根据学校公布相关调查结果，事故原因为氢气钢瓶有泄漏，推测为没有意识到氢气有泄漏，从而高温实验引发氢气爆炸，爆炸产生的强冲击波引燃了实验室易燃物质。因为冲击波第一时间将该博士后击倒，故来不及自救。消防灭火用水之前已征得实验室老师同意，操作规范。

（3）氢气使用注意事项参加本书第 2 章 2.3 节实验室用气安全部分内容。

5.7 2016 年上海某大学实验室爆炸事故

（1）事故介绍

2016 年 9 月 21 日，位于上海的某大学化学化工与生物工程学院一实验室发生爆炸，两名学生受重伤，暂无教师受伤。校方向各大院系发出紧急通知，要求迅速对所有实验室开展安全检查，吸取教训，防患未然。

（2）爆炸原因

2016 年 9 月 21 日该大学生物研究所实验室发生的化学实验伤害事故具体原因已基本查明，情况如下：

9 月 21 日十点半左右，实验室三名研究生（研究生二年级 1 名，研究生一年级 2 名）进行氧化石墨烯制备实验（三人均未穿实验服，并未带防护眼镜）。研究生二年级同学进行实验教学示范，主要过程为：在一敞口锥形瓶内放入 750mL 浓硫酸，与石墨混合，随后放入 1 药匙高锰酸钾（未称量），在放入之前，该同学告诫两名低年级同学，可能有爆炸的危险，但就在药品加入后发生爆炸。事故造成研究生二年级同学双目失明，一名研究生一年级同学有失明的可能性，另一名学生受轻伤。

（3）事故分析

目前在化学法制备氧化石墨（GO）的方法中，Hummers 法是使用最广泛的一种方法，原始的 Hummers 法工艺流程如下：

“将 2g 石墨粉加入到 250mL 的烧杯中，加入 1g $NaNO_3$，缓慢加入 46mL 浓硫酸并搅拌均匀，烧杯置于冰水浴中，搅拌情况下缓慢加入 6g $KMnO_4$，此过程温度不宜超过 20℃。5min 后撤去冰水浴，升温到 35℃维持 30min。加入 92mL 去离子水，搅拌 15min，然后加入 80mL 温度在 60℃的 3% H_2O_2 溶液来还原多余的 $KMnO_4$，直到无明显气泡为止。”

上述过程可以分为三个阶段，低温共混，中温反应，高温反应与终止。石墨的氧化过程涉及到石墨粉的硫酸插层，高锰酸钾对石墨烯层的氧化，加水稀释过程中氧化石墨层间硫酸的扩散去除。

石墨粉中加入浓硫酸搅拌均匀后再加入高锰酸钾，紫色的高锰酸钾在浓硫酸中溶解，混合均匀后溶液从紫色逐渐向暗绿色转变，表明高锰酸钾向 Mn_2O_7 转变，Mn_2O_7 常温下是液体，分解温度 55℃。上述过程还是一个自放热过程，因此实验过程强调使用冰水浴。反应式如下：

$$H_2SO_4（浓）+2KMnO_4=K_2SO_4+Mn_2O_7（高锰酸酐）+H_2O$$

正常情况下，在加入高锰酸钾后，溶液中也会产生气泡，而且在中温反应阶段该现象更加明显，可能是由氧化剂发生分解的副反应引起，也可能是氧化石墨过程中产生了二氧化碳等气体。同时在反应过程中还可以观察到有紫色气体挥发，该现象是由于 $KMnO_4$ 受热升华产生。

① 在石墨烯制备实验之前，应对该实验进行合理的风险评估，预判可能发生事故的操作和反应节点。该实验采用氧化石墨法制备石墨烯，所用试剂为浓硫酸和高锰酸钾，均为强氧化性化学物质，在实验过程中使用，反应剧烈，并且伴有剧烈的放热现象。使用时，应根据相关操作规程进行。

② 实验所用容器为敞口锥形瓶，不能用于后续反应的加热操作。实验所用试剂量较大，反应过程中热量快速释放，不能有效快速降温，也是造成爆炸的原因之一。

③ 实验操作中，应根据反应进行物料调整，不能在无化学计量条件下进行反应操作，增加了造成此次事故的不可控性。

④ 没有安全有效的实验防护措施。通报称三位人员均未穿实验服和佩戴防护眼镜，未能严格遵守实验操作守则，也是造成其中两名人员严重身体伤害的主要原因。

参考文献

[1] 李志红. 100 起实验室安全事故统计分析及对策研究 [J]. 实验技术与管理，2014，31（4）：210-213.

[2] 韦素娟. 高校管理类专业实验室安全事故的分析及其防范措施 [J]. 现代企业教育，2015（2）：215-216.

[3] 胡林楠，耳闯. 高校实验室安全工作的浅析 [J]. 化工管理，2015（17）：246-246. 苏益，蔺万煌，胡超，等. 生物学实验室安全管理与实践 [J]. 实验室研究与探索，2015，34（3）：155-158.

[4] 李颖，徐海燕，王斓，等. 浅析有机化学实验室的安全问题及安全管理[J]. 实验室科学，2015，18(4)：191-192.

[5] 李志业. 从清华大学实验室爆炸事件对安全实验引发的思考 [J]. 科研，2016（3）：00208-00208.

[6] 李彦. 病原微生物实验室生物安全事故的危险因素及预防措施 [J]. 实用医药杂志，2010，27(11)：1023-1024.

[7] 刘慧玲，杨世平. 高校微生物实验室的安全管理 [J]. 中国教育技术装备，2008（12）：85-86.

H_2SO_4（浓）+ [illegible] KH_2PO_4 [illegible] Mg [illegible] $7H_2O$

[illegible]，在加入[illegible]时，[illegible]，而[illegible]中[illegible] [illegible]，[illegible]可[illegible] [illegible]。

① [illegible]，[illegible]可能[illegible] [illegible]，[illegible]。

2. [illegible]，[illegible]，[illegible]，[illegible]之。

③ [illegible]，[illegible]，[illegible]。

3. [illegible]，[illegible]，[illegible]。

参考文献

[1] [illegible]
[2] [illegible]
[3] [illegible]
[4] [illegible]
[5] [illegible]
[6] [illegible]
[7] [illegible]